Theodor Heye

Synthetische Geometrie
der Kugeln und linearen Kugelsysteme

EUROPÄISCHER
HOCH
SCHUL
VERLAG

Historical Science, Band 37

Reye, Theodor

Synthetische Geometrie der Kugeln und linearen Kugelsysteme

Reihe: Historical Science, Band 37

ISBN: 978-3-86741-250-6

Auflage: 1
Erscheinungsjahr: 2010
Erscheinungsort: Bremen, Deutschland

Cover: Foto © Siegrid Rossmann/Pixelio

Bei diesem Titel handelt es sich um den Nachdruck eines historischen, lange vergriffenen Buches aus dem Verlag Teubner, Leipzig (1879). Da elektronische Druckvorlagen für diese Titel nicht existieren, musste auf alte Vorlagen zurückgegriffen werden. Hieraus zwangsläufig resultierende Qualitätsverluste bitten wir zu entschuldigen.

SYNTHETISCHE
GEOMETRIE DER KUGELN

UND

LINEAREN KUGELSYSTEME

MIT EINER EINLEITUNG

IN DIE ANALYTISCHE GEOMETRIE DER KUGELSYSTEME

VON

Dr. TH. REYE

O. PROFESSOR AN DER UNIVERSITÄT STRASSBURG

LEIPZIG

DRUCK UND VERLAG VON B. G. TEUBNER

1879

Vorwort.

Die synthetische Geometrie der Kreise und Kugeln verdankt den Aufschwung, welchen sie im Anfange unseres Jahrhunderts genommen hat, hauptsächlich den bekannten Berührungsproblemen des Apollonius von Perga. Die Aufgabe, zu drei gegebenen Kreisen einen vierten sie berührenden Kreis zu construiren, war freilich nebst ihren zahlreichen Specialfällen schon von Vieta (1600) mit den Hülfsmitteln der Alten, und von Newton, Euler und N. Fuss analytisch gelöst worden, auch hatte bereits Fermat[1]) von dem analogen Problem für Kugeln eine synthetische Auflösung gegeben. Gleichwohl dienten diese Apollonischen Aufgaben noch lange den Mathematikern zur fruchtbaren Anregung.

Zu neuen Auflösungen dieser Berührungsprobleme gelangten zuerst einige Schüler von Monge, indem sie die Bewegung einer veränderlichen Kugel untersuchten, welche drei gegebene Kugeln fortwährend berührt. Dupuis entdeckte und Hachette[2]) bewies (1804), dass der Mittelpunkt der Kugel auf einem Kegelschnitte sich bewegt und dass ihre Berührungspunkte drei Kreise beschreiben. Bald darauf (1813) veröffentlichte Dupin[3]) seine schönen Untersuchungen über die merkwürdige, von jener veränderlichen Kugel eingehüllte Fläche, welcher er später den Namen Cyclide beilegte; er zeigte u. A., dass diese Fläche zwei Schaaren von kreisförmigen Krümmungslinien besitzt, deren Ebenen durch zwei zu einander rechtwinklige Gerade gehen. Fast gleichzeitig (1812) führte Gaultier[4]) die Potenzpunkte von Kreisen und Kugeln sowie die Kreisbüschel und Kugelbüschel, wenn auch unter anderen Namen, ein in die neuere Geometrie, und benutzte dieselben zur Lösung der Apollonischen Berührungsprobleme. Die Lehre von den Kreisbüscheln und von den Aehnlichkeitspunkten mehrerer Kreise wurde sodann von Poncelet[5]) (1822) vervollkommnet und mit der Polarentheorie des Kreises, deren Anfänge sich schon bei Monge[6]) finden, in Verbindung gebracht.

Vier Jahre später (1826) erschienen die „geometrischen Betrachtungen" von Jacob Steiner[7]), in welchen zum ersten Male der Ausdruck „Potenz" bei

[1]) Fermat, de contactibus sphaericis. (Varia opera mathematica, Tolosae 1679, fol.)

[2]) Correspondance sur l'Ecole polytechnique, T. I, S. 19; vgl. T. II, S. 421.

[3]) Ebenda T. II, S. 420, und später in seinen Applications de Géométrie et de Mécanique, Paris 1822.

[4]) Journal de l'Ecole polytechnique, 16me cahier, 1813.

[5]) Poncelet, Traité des propriétés projectives des figures, Paris 1822; 2. Aufl. 1865.

[6]) Monge, Géométrie descriptive, Paris 1795; 5e éd. 1827, S. 51.

[7]) Crelle's Journal für die r. u. a. Mathematik, Bd. 1.

Kreisen und Kugeln angewendet wird. Indem er die Berührung als speciellen Fall des Schneidens auffasst, erweitert Steiner in dieser Abhandlung die Apollonischen Berührungs-Aufgaben zu den folgenden:

> „Einen Kreis zu construiren, welcher drei gegebene Kreise, oder eine Kugelfläche, welche vier gegebene Kugeln unter bestimmten Winkeln schneidet."

Zugleich giebt er die Absicht kund, ein Werk von 25 bis 30 Druckbogen herauszugeben über „das Schneiden (mit Einschluss der Berührung) der Kreise in der Ebene, das Schneiden der Kugeln im Raume und das Schneiden der Kreise auf der Kugelfläche", in welchen jene und andere neue Probleme ihre Lösung finden sollten. Leider hat Steiner seinen Plan nicht ausgeführt; unter seinen zahlreichen Schriften findet sich nur noch ein kleineres aber gehaltvolles Werk über den Kreis[8]), in welchem unter anderen auch die harmonischen und polaren Eigenschaften des Kreises elementar abgeleitet werden.

Von Poncelet's invers liegenden und Steiner's potenzhaltenden Punkten zu dem Princip der reciproken Radien ist nur ein kleiner Schritt; trotzdem verdanken wir dieses wichtige Abbildungsprincip nicht der synthetischen, sondern der analytischen Geometrie, und in zweiter Linie der mathematischen Physik. Plücker[9]) stellte es zuerst (1834) als „ein neues Uebertragungsprincip" auf; er geht aus von Punkten, die bezüglich eines Kreises einander zugeordnet sind, beweist u. A., dass jedem Kreise der Ebene ein Kreis oder eine Gerade zugeordnet ist und dass zwei Gerade sich unter denselben Winkeln schneiden wie die ihnen zugeordneten Kreise, und giebt verschiedene Anwendungen des Princips, auch auf das Apollonische Berührungsproblem. Auf's Neue wurde das Princip (1845) entdeckt von William Thomson[10]), welcher es das Princip der elektrischen Bilder nannte; seinen heutigen Namen erhielt es (1847) durch Liouville[11]). Für Thomson sind die Anwendungen des Princips auf elektrostatische Probleme und seine Wichtigkeit für die ganze Potentialtheorie und für die Lehre von der Wärmeleitung natürlich die Hauptsache; nur beiläufig erwähnt er, dass Kugeln durch reciproke Radien allemal in Kugeln oder Ebenen übergehen, und dass die von ihnen gebildeten Winkel sich bei dieser Transformation nicht ändern. Liouville seinerseits hebt hervor, dass zwei durch reciproke Radien einander zugeord-

---

[8]) Steiner, Die geometrischen Constructionen, ausgeführt mittelst der geraden Linie und eines festen Kreises, Berlin 1833.

[9]) Plücker in Crelle's Journal für d. r. u. a. Math., Bd. XI. S. 219–225. Die kleine Abhandlung ist von 1831 datirt.

[10]) W. Thomson in Liouville, Journal de Mathématiques, T. X. p. 364.

[11]) Liouville, Journal de Mathématiques, T. XII, p. 276.

nete Flächen oder Raumtheile conform auf einander abgebildet sind, und dass die Krümmungslinien der einen Fläche in diejenigen der anderen sich verwandeln; auch wendet er das Princip u. A. auf die Dupin'sche Cyclide an. Unabhängig von Thomson und Liouville gelangte wenige Jahre später (1853) Möbius[12]) zu demselben Abbildungsprincip, welchem er den Namen „Kreisverwandtschaft" gab.

Die mannigfaltigen Hülfsmittel und fruchtbaren Methoden, durch welche so die synthetische Geometrie der Kreise und Kugeln allmälig bereichert worden ist, verdienen nun wohl, einmal in einem neuen Zusammenhange dargestellt zu werden. Wir gelangen zu einem solchen, innigen Zusammenhange und zugleich zu gewissen Erweiterungen der Kugelgeometrie, indem wir von dem bisher wenig beachteten Kugelgebüsche ausgehen. Das Princip der reciproken Radien, durch welches die meisten nachfolgenden Untersuchungen wesentlich vereinfacht werden, tritt bei diesem Entwickelungsgange gebührend in den Vordergrund; die Lehre von den harmonischen Kreis-Vierecken, die Theorie der Kugelbündel und Kugelbüschel und die Polarentheorie der Kugel und des Kreises schliessen sich ungezwungen an, nur wird ihre Begründung eine andere; die Lehre von den linearen Kugelsystemen aber erweitert sich von selbst zu der Geometrie des Kugelsystemes von vier Dimensionen. Indem wir sodann den Berührungsproblemen uns zuwenden, treten uns alsbald einerseits die Aehnlichkeitspunkte von Kugeln und Kreisen, andererseits gewisse quadratische Kugel- und Kreissysteme entgegen. Letztere, zu welchen auch die Dupin'schen Kugelschaaren gehören, werden in den späteren Abschnitten eingehend untersucht und auf die vorhin erwähnten und andere bisher ungelöste Probleme Jacob Steiner's angewendet. Durch Einführung von Kugelcoordinaten wird schliesslich zu der projectiven Beziehung von Kugelsystemen und zu den Kugelcomplexen, insbesondere den quadratischen, ein leichter Zugang gewonnen.

Den räumlichen Mannigfaltigkeiten von vier und mehr Dimensionen wird bekanntlich seit 1868 auf Anregung von Riemann, Helmholtz und Plücker viel Beachtung geschenkt. Deshalb möge hier noch hervorgehoben werden, dass auch dieses Büchlein es mit einer vierfach unendlichen Mannigfaltigkeit zu thun hat, und zwar mit der einfachsten und der Anschauung zugänglichsten, die es giebt. Alle Kugeln des Raumes nämlich bilden eine l i n e a r e Mannigfaltigkeit von vier Dimensionen, während z. B. die Gesammtheit aller geraden Linien, womit die Plücker'sche Strahlengeometrie sich beschäftigt, eine q u a d r a t i s c h e Mannigfaltigkeit von vier Dimensionen bildet. Ein

---

[12]) Berichte der Kgl. Sächsischen Gesellschaft der Wissenschaften, 1853, S. 14–24; Abhandlungen derselben Gesellschaft, Bd. II, Lpz. 1855, S. 531–595.

Kugelgebüsch ist demgemäss sehr leicht, ein linearer Strahlencomplex dagegen nicht ohne viele Mühe einem Anfänger verständlich zu machen, und Aehnliches gilt von dem Kugelbüschel und der Regelschaar. Die Kugelgeometrie besitzt an dem Princip der reciproken Radien eine wichtige Methode, die in der Strahlengeometrie ihres Gleichen nicht hat; der analytischen Behandlung ist sie sehr leicht zugänglich, und zudem umfasst sie die Geometrie der Punkte und der Ebenen, weil diese als Grenzfälle der Kugel aufzufassen sind. Möge deshalb die Kugelgeometrie ebenso wie die Strahlengeometrie sich mehr und mehr Freunde und Förderer gewinnen.

S t r a s s b u r g i . E ., den 20. December 1878.

Der Verfasser.

Inhalts-Verzeichniss.

Einleitung in die analytische Geometrie der Kugelsysteme.

§. 1⁶.
Potenz von Punktenpaaren, Kreisen und Kugeln.

1. Unter der „Potenz" eines Punktenpaares P, P' in einem Punkte A, welcher auf der Geraden P, P' liegt, verstehen wir das Produkt der beiden Strecken AP und AP', welche A mit den Punkten P und P' begrenzt; und zwar fassen wir diese Potenz auf als eine positive oder negative Grösse, je nachdem P und P' auf derselben Seite von A liegen oder nicht. Ist d der Abstand des Punktes A von dem Mittelpunkte der Strecke PP' und r die halbe Länge dieser Strecke, so erhalten wir für die Potenz die Gleichung:

$$AP \, . \, AP' = (d - r) \, . \, (d + r) \quad \text{oder} \quad AP \, . \, AP' = d^2 - r^2.$$

Das Punktenpaar hat demnach gleiche Potenz in je zwei Punkten der Geraden, die von seinem Mittelpunkte gleich weit abstehen. Die Potenz im Punkte A ist Null, wenn A mit P oder P' zusammenfällt; sie wird gleich dem Quadrate des Abstandes d, wenn P und P' zusammenfallen.

2. Unter der „Potenz einer Kugel oder eines Kreises im Punkte A" verstehen wir die Potenz eines mit A in einer Geraden liegenden Punktenpaares der Kugelfläche resp. der Kreislinie. Zwei verschiedene solche Punktenpaare haben gleiche Potenz im Punkte A, wie aus der Lehre von den Kreissecanten bekannt ist. Nimmt man das Punktenpaar P, P' auf dem durch A gehenden Durchmesser an, und bezeichnet mit d den Abstand des Punktes A vom Centrum und mit r den Radius der Kugel oder des Kreises, so wird die Potenz in A dargestellt durch:

$$AP \, . \, AP' = d^2 - r^2.$$

Eine Kugel hat demnach gleiche Potenz in allen Punkten, welche von ihrem Centrum gleich weit abstehen.

3. Alle Kreise, in welchen eine Kugel von den durch A gehenden Ebenen geschnitten wird, haben im Punkte A gleiche Potenz, nämlich dieselbe wie die Kugel. Diese Potenz ist gleich dem Quadrate einer von A bis an die Kugelfläche gezogenen Tangente, wenn A ausserhalb der Kugel liegt; sie ist Null, wenn A auf, und negativ, wenn A innerhalb der Kugel liegt (1.). Im ersten dieser drei Fälle wird die Kugelfläche rechtwinklig geschnitten von derjenigen Kugelfläche, welche den Punkt A zum Mittelpunkt und die Quadratwurzel aus der Potenz zum Radius hat.

4. Wenn zwei Kugelflächen sich rechtwinklig schneiden, so ist die Potenz der einen im Centrum der anderen gleich dem Quadrate des Radius dieser anderen Kugelfläche; denn die beiden [7]Radien, welche nach irgend einem ihrer Schnittpunkte gehen, stehen auf einander senkrecht, und jeder von ihnen berührt deshalb die zu dem anderen gehörige Kugel. Dieser Satz und seine Umkehrung (3.) gilt auch von zwei Kreisen, die in einer Ebene liegen und sich rechtwinklig schneiden.

5. Jeder Punkt, in welchem zwei oder mehrere Kugeln gleiche Potenz haben, wird ein „Potenzpunkt" der Kugeln genannt; derselbe ist auch für die Kreise und Punktenpaare, in welchen die Kugeln etwa sich schneiden, ein Punkt gleicher Potenz oder „Potenzpunkt". Die Mittelpunkte aller Kugeln, welche zwei oder mehrere gegebene Kugeln rechtwinklig schneiden, sind Potenzpunkte der letzteren (4.). Wenn zwei Kugeln sich schneiden oder berühren, so haben sie jeden Punkt der Ebene, in welcher ihr Schnittkreis liegt oder welche sie in ihrem gemeinschaftlichen Punkte berührt, zum Potenzpunkt; in jedem ausserhalb dieser Ebene liegenden Punkte dagegen haben sie ungleiche Potenz, wie sofort einleuchtet, wenn man den Punkt mit einem gemeinschaftlichen Punkte der Kugeln durch eine Secante verbindet.

6. Der Ort aller Potenzpunkte von drei Kugeln, von denen zwei die dritte schneiden, ist (5.) die Gerade, welche die Ebenen der beiden Schnittkreise mit einander gemein haben. In jedem Punkte dieser Ebenen, welcher ausserhalb ihrer Schnittlinie liegt, haben die ersten beiden Kugeln ungleiche Potenz; denn nur die eine von ihnen hat in einem solchen Punkte mit der dritten Kugel gleiche Potenz. Zwei Kugeln haben demnach unendlich viele Potenzpunkte; mit dem Orte dieser Punkte hat jede Schnittebene der einen oder der anderen Kugel eine Gerade gemein; jeder Punkt, welcher mit zwei Potenzpunkten der Kugeln in einer Geraden liegt, ist folglich selbst ein Potenzpunkt derselben. Somit ist der Ort aller Potenzpunkte von zwei Kugeln eine Ebene, welche die „Potenz-Ebene" der beiden Kugeln genannt wird.

7. Die Potenzebene, d. h. der Ort aller Potenzpunkte von zwei Kugeln, ist zu der Centrallinie dieser Kugeln normal. Dieses folgt aus Gründen der Symmetrie; auch liegt in der Potenzebene die Schnittlinie von je zwei Kugeln, die mit den gegebenen concentrisch sind und durch irgend einen Potenzpunkt P derselben gehen, weil (2.) die gegebenen Kugeln in allen Punkten jener Schnittlinie die gleiche Potenz haben wie in P. Die Potenzebene geht durch jeden gemeinschaftlichen Punkt der beiden Kugeln, weil in demselben die Potenz der Kugeln gleich, nämlich Null ist; sie enthält die Mittelpunkte aller Kugeln, welche die beiden gegebenen rechtwinklig schneiden (5.), und

insbesondere auch die Halbirungspunkte aller gemeinschaftlichen Tangenten der gegebenen Kugeln. Bringt man die beiden Kugeln zum Durchschnitt mit einer beliebigen dritten, und sodann die Ebenen der beiden Schnittkreise mit einander, so erhält man eine Gerade der Potenzebene (6.). Die Potenzebene von zwei concentrischen Kugeln rückt in's Unendliche.

8. Der Ort aller Potenzpunkte von drei beliebigen Kugeln ist eine Gerade, welche wir die „Potenz-Axe" der drei Kugeln nennen. In dieser Geraden schneiden sich die beiden Potenzebenen, welche die eine der drei Kugeln mit den beiden übrigen bestimmt; sie liegt aber auch in der Potenzebene der beiden letzteren, weil sie Potenzpunkte derselben enthält. Auf den Ausnahmefall, in welchem die drei Kugeln paarweise dieselbe Potenzebene haben, kommen wir später zurück. Die Potenzaxe der drei Kugeln steht auf der Centralebene derselben normal (7.); sie rückt in's Unendliche, wenn die Mittelpunkte der Kugeln in einer Geraden liegen. Sie enthält die Mittelpunkte aller Kugeln, welche die drei gegebenen rechtwinklig schneiden, sowie jeden gemeinschaftlichen Punkt der drei Kugeln (7.). Bringt man die drei Kugeln zum Durchschnitt mit einer beliebigen vierten und sodann die Ebenen der drei Schnittkreise mit einander, so erhält man einen Punkt der Potenzaxe.

9. Vier beliebige Kugeln haben einen Potenzpunkt. In demselben schneiden sich die Potenzebenen, welche jede der Kugeln mit den drei übrigen bestimmt, und folglich auch die vier Potenzaxen, welche die vier Kugeln zu dreien bestimmen. Den Ausnahmefall, in welchem die Kugeln zu dreien eine und dieselbe Potenzaxe haben, schliessen wir vorläufig aus. Haben die vier Kugeln in ihrem Potenzpunkte positive Potenz, so werden sie von einer Kugel, die den Potenzpunkt zum Mittelpunkt und die Quadratwurzel aus der Potenz zum Radius hat, rechtwinklig geschnitten. Der Potenzpunkt rückt in's Unendliche, wenn die Mittelpunkte der vier Kugeln in einer Ebene liegen.

10. Als Grenzfälle der Kugel sind die Punktkugel und die Ebene, und als Grenzfälle des Kreises sind der Punktkreis und die Gerade aufzufassen. Wenn der Radius einer durch den Punkt P gehenden Kugel unbegrenzt abnimmt, so reducirt sich die Kugel auf den Punkt P und wird eine Punktkugel; nimmt dagegen der Radius unbegrenzt zu, indem der Mittelpunkt sich nach irgend einer Richtung entfernt, so geht die Kugelfläche über in die durch P gehende und zu jener Richtung normale Ebene. Die Potenz einer Punktkugel im Punkte A ist gleich dem Quadrat ihres Abstandes von A (1.). Die Potenz einer Ebene in einem nicht auf ihr liegenden Punkte A ist unendlich; in einem auf ihr liegenden Punkte P ist sie unbestimmt, nämlich $0 . \infty$.

Die Potenzebene einer Punktkugel und einer gewöhnlichen Kugel enthält die Mittelpunkte aller Kugelflächen, welche durch die Punktkugel gehen und die andere Kugel rechtwinklig schneiden; sie[9] halbirt alle Tangenten, welche von der Punktkugel an die andere Kugel gezogen werden können. Zwei Punktkugeln liegen zu ihrer Potenzebene symmetrisch; die sechs Potenzebenen von vier Punktkugeln schneiden sich in dem Centrum der Kugel, auf welcher die vier Punktkugeln liegen, und welche hiernach leicht zu construiren ist. Die Potenzebene einer gewöhnlichen Kugel und einer Ebene fällt mit der letzteren zusammen.

---

§. 2.
Das Kugelgebüsch.

11. Mit dem Namen „Kugelgebüsch" bezeichnen wir die Gesammtheit aller Kugeln, die in einem gegebenen Punkte C eine bestimmte Potenz p haben; C heisst der Potenzpunkt oder das „Centrum" und p die „Potenz des Gebüsches". Die Punktenpaare, in welchen je drei, und die Kreise, in welchen je zwei Kugeln des Gebüsches sich schneiden, rechnen wir ebenfalls zu dem Gebüsche; sie alle haben im Centrum C die Potenz p und liegen auf den durch C gehenden Geraden und Ebenen. Das Gebüsch enthält alle Kugeln, die durch irgend einen seiner Kreise oder durch ein beliebiges von seinen Punktenpaaren gehen, insbesondere auch die durch C gehenden Ebenen dieser Kreise und Punktenpaare; es enthält ferner alle Kreise und Punktenpaare, in welchen seine Kugeln von den durch C gehenden Ebenen und Geraden geschnitten werden; durch eine Drehung um das Centrum C wird es nicht verändert.

12. Um ein Kugelgebüsch zu bestimmen, kann man sein Centrum C und entweder seine Potenz p, oder eine seiner Kugeln oder Kreislinien, oder eines seiner Punktenpaare willkürlich annehmen; bei jeder der letzteren Annahmen ergiebt sich die Potenz in C sofort. Vier beliebig gegebene Kugeln bestimmen ein durch sie gehendes Kugelgebüsch, wenn sie nicht in mehreren Punkten gleiche Potenz haben; nämlich ihr Potenzpunkt (9.) ist das Centrum des Gebüsches, und ihre Potenz in diesem Punkte ist zugleich diejenige des Gebüsches. Ebenso bestimmen zwei beliebige Kreise, die nicht

auf einer und derselben Kugel liegen, ein Kugelgebüsch; dasselbe geht durch zwei Paar Kugeln, die sich in den beiden Kreisen schneiden, und ist durch sie bestimmt. Alle Ebenen, welche zwei nicht auf einer Kugel liegende Kreise in vier Kreispunkten schneiden, gehen durch einen Punkt, nämlich durch das Centrum des durch die beiden Kreise bestimmten Kugelgebüsches; auch die Ebenen der beiden Kreise gehen durch diesen Punkt.

13. Ist die Potenz p eines Kugelgebüsches negativ, so liegt sein Centrum C innerhalb aller seiner Kugeln und Kreise und zwischen allen seinen Punktenpaaren, und jede Kugel des Gebüsches schneidet alle übrigen. Ist dagegen p positiv, so liegt das Centrum C ausserhalb aller Kugeln und Kreise des Gebüsches, und alle diese Kreise und Kugeln werden rechtwinklig von derjenigen Kugel geschnitten, welche mit dem Radius $\sqrt{p}$ um den Mittelpunkt C beschrieben werden kann (3.). Diese Kugel heisst deshalb die „Orthogonalkugel" des Gebüsches; sie ist der Ort aller Punktkugeln desselben. Alle Kugeln und Kreise, welche die Orthogonalkugel rechtwinklig schneiden, gehören zu dem Gebüsch (4.), und dieses ist durch seine Orthogonalkugel völlig bestimmt. Wenn die Orthogonalkugel in eine Ebene übergeht, so enthält das Gebüsch alle Kugeln, deren Mittelpunkte in dieser Ebene liegen; das Centrum C dieses besonderen Gebüsches liegt unendlich fern, seine Potenz ist unendlich gross, und jeder Kreis und jedes Punktenpaar desselben liegt symmetrisch bezüglich der Orthogonalebene. Wir nennen dieses besondere Gebüsch ein „symmetrisches". — Einen Uebergangsfall des Kugelgebüsches erhalten wir, wenn die Potenz p Null ist; dieses specielle Gebüsch besteht aus allen Kugeln und Kreisen, welche durch sein Centrum C gehen, seine Orthogonalkugel reducirt sich auf den Punkt C, und C bildet mit jedem Punkte des Raumes ein Punktenpaar des Gebüsches. Wir schliessen diesen Uebergangsfall vorläufig von unserer Untersuchung aus.

14. Im Kugelgebüsch nennen wir zwei Punkte P, P' „einander zugeordnet", wenn sie ein Punktenpaar des Gebüsches bilden. Durch einen Punkt P ist im Gebüsche der ihm zugeordnete Punkt P' eindeutig bestimmt; denn die Punkte P und P' liegen mit dem Centrum C in einer Geraden und das Produkt ihrer Abstände CP und CP' vom Centrum ist gleich der Potenz p des Gebüsches. Wenn P nach irgend einer Richtung in's Unendliche rückt, so fällt P' mit C zusammen. Alle durch einen Punkt P gehenden Kugeln und Kreise des Gebüsches haben auch den zugeordneten Punkt P' mit einander gemein, weil sie im Centrum C die Potenz $p = CP \cdot CP'$ haben. Aus demselben Grunde gehört jede Kugel oder Kreislinie, welche durch zwei einander zugeordnete Punkte geht, zu dem Gebüsch.

15. Zwei Punktenpaare des Gebüsches können deshalb allemal durch einen Kreis, und drei Punktenpaare können durch eine Kugel verbunden werden. Durch drei beliebige Punkte oder[11] durch einen beliebigen Kreis geht im Allgemeinen eine einzige Kugel des Gebüsches; dieselbe verbindet die drei Punkte mit den drei zugeordneten Punkten. Wenn durch einen Kreis mehrere Kugeln des Gebüsches gehen, so gehört er zu dem Gebüsche und kann mit jedem Punktenpaare desselben durch eine Kugel verbunden werden (11.).

16. Von den Punktenpaaren eines Kugelgebüsches, welche auf einem Kreise desselben oder auf einer durch sein Centrum gehenden Geraden liegen, pflegt man zu sagen, sie bilden eine „involutorische Punktreihe" oder ihre Punkte seien "involutorisch gepaart"; den Kreis oder die Gerade nennt man den „Träger" dieser Punktreihe. Die Geraden, auf welchen die Punktenpaare einer solchen involutorischen Punktreihe liegen, gehen alle durch einen Punkt, nämlich durch das Centrum C des Gebüsches. Jede Kugel des Gebüsches, welche durch einen Punkt P der Punktreihe geht, hat mit ihr auch den zugeordneten Punkt P' gemein (11., 14.). Verbindet man irgend zwei Punktenpaare der Reihe mit zwei beliebig angenommenen Punkten durch zwei Kugeln, so schneiden sich diese in einem Kreise k des Gebüsches, und auf den durch k gehenden anderen Kugeln liegen auch die übrigen Punktenpaare der involutorischen Reihe. Um die Punkte einer Kreislinie oder Geraden involutorisch zu paaren, kann man demnach zwei Punktenpaare auf derselben willkürlich annehmen; die übrigen Punktenpaare und das Kugelgebüsch, in welchem die involutorische Punktreihe liegt, sind dadurch völlig bestimmt und leicht construirbar.

17. Wenn zwei Kreise k und k_1 weder einen Punkt mit einander gemein haben, noch durch eine Kugel oder Ebene verbunden werden können, so schneidet jeder von ihnen die durch den anderen gehenden Kugeln in den Punktenpaaren einer involutorischen Punktreihe. Dieselbe liegt in dem durch k und k_1 bestimmten Kugelgebüsch (12.), und der Satz gilt auch dann, wenn einer, aber nicht jeder der beiden Kreise in eine Gerade ausartet; in dem Centrum der Punktreihe schneiden sich auch die durch k und k_1 gehenden Ebenen. Alle Punktenpaare einer involutorischen Punktreihe haben in deren Centrum, d. h. in dem Centrum C des sie enthaltenden Kugelgebüsches, gleiche Potenz, auch wenn die Punktreihe auf einer Geraden liegt; rückt C in's Unendliche, so liegen die Punktenpaare symmetrisch bezüglich der Orthogonal-Ebene des Gebüsches (13.).

18. Eine involutorische Punktreihe bestimmt ein sie enthaltendes Kugel-

gebüsch (16.); sie hat zwei „Ordnungspunkte", d. h. sich selbst zugeordnete Punkte, wenn die Potenz dieses Gebüsches positiv ist. Von der Orthogonal-kugel des Gebüsches wird der Träger der[12] involutorischen Punktreihe in den beiden Ordnungspunkten rechtwinklig geschnitten (13.); diese Ordnungs-punkte sind zwei Punktkugeln des Gebüsches, und je zwei einander zuge-ordnete Punkte P, P' der Punktreihe sind durch sie getrennt. Der Träger der involutorischen Punktreihe berührt alle durch einen ihrer Ordnungspunkte O, Q gehenden Kugeln und Ebenen des Gebüsches in diesem Punkte (vgl. 16.). Die Potenz des Gebüsches in seinem Centrum C wird dargestellt durch:

$$CP \cdot CP' = CO^2 = CQ^2.$$

---

§. 3.
Das Princip der reciproken Radien.

19. Es sei C das Centrum, p die positive oder negative Potenz und A, A' ein beliebiges Punktenpaar eines Kugelgebüsches. Wir bezeichnen die Strecken $CA = r$ und $CA' = r'$ mit dem Namen „Radien der beiden ein-ander zugeordneten Punkte A und A'"; sie liegen auf einer und derselben Geraden und ihr Produkt $r \cdot r'$ ist gleich der Potenz p. Der Radius r eines be-liebigen Punktes A ist demnach dem reciproken Werthe des Radius r' seines zugeordneten Punktes A' proportional, er ist das $p$fache dieses reciproken Werthes, nämlich $r = p \cdot \frac{1}{r'}$. Man nennt deshalb r und r' „reciproke Radien", C ihr Centrum und p ihre Potenz, und sagt von zwei einander zugeordneten Figuren, Linien oder Flächen, von welchen die eine durch A und zugleich die andere durch den zugeordneten Punkt A' beschrieben ist, sie seien „invers" und „jede von ihnen sei durch reciproke Radien in die andere transformirt oder verwandelt".

20. Alle Kugeln, Kreise und Punktenpaare des Gebüsches werden durch die reciproken Radien in sich selbst transformirt. Zwei beliebige dieser Punk-tenpaare, A, A' und B, B' haben im Centrum C die Potenz p, sodass:

$$CA \cdot CA' = CB \cdot CB' \quad \text{und folglich} \quad CA : CB = CB' : CA'$$

ist. Daraus aber folgt, wenn CA und CB nicht auf derselben Geraden liegen, dass die Dreiecke CAB und $CB'A'$ ähnlich und ihre Winkel bei A und B'

gleich sind. Ist insbesondere $\angle CAB$ ein rechter Winkel, so gilt dasselbe vom Winkel $CB'A'$.

21. Eine beliebige Ebene ε wird durch die reciproken Radien in eine Kugelfläche verwandelt, welche im Centrum C von einer zu ε parallelen Ebene berührt wird. Denn seien A und B zwei Punkte von ε, von welchen A in der von C auf ε gefällten Normale liege, und seien A' und B' die ihnen zugeordneten Punkte. Dann sind die Dreiecke CAB und $CB'A'$ ähnlich und ihre Winkel bei A und B' Rechte (20.), und der Punkt B', welcher einem ganz beliebigen Punkte B der Ebene ε entspricht, liegt folglich auf der Kugelfläche, von welcher die zu ε normale Strecke CA' ein Durchmesser ist. Diese Kugelfläche, in welche ε transformirt wird, hat in C eine zum Durchmesser CA' normale und folglich zu ε parallele Berührungsebene. — Jede durch C gehende Kugel wird durch die reciproken Radien in eine Ebene transformirt; dieselbe ist der Berührungsebene des Punktes C parallel und geht durch einen beliebigen Punkt, dessen zugeordneter auf der Kugel liegt.

22. Zwei beliebige Ebenen schneiden sich unter denselben Winkeln, wie die ihnen zugeordneten Kugelflächen, weil sie den Berührungsebenen der letzteren im Punkte C parallel sind (21.). Zwei beliebige Flächen oder Linien schneiden sich folglich in jedem ihrer gemeinschaftlichen Punkte unter denselben Winkeln, wie die ihnen zugeordneten Flächen oder Linien in dem zugeordneten Punkte. Zwei unendlich kleine Tetraëder, deren Eckpunkte einander zugeordnet sind, haben demnach gleiche Flächenwinkel und schon deshalb auch gleiche Kantenwinkel; sie sind, wie einige Ueberlegung lehrt, ähnlich, wenn die Potenz der reciproken Radien negativ, und symmetrisch ähnlich, wenn sie positiv ist; ihre homologen Flächen sind allemal ähnlich. Zwei einander zugeordnete Flächen oder Raumtheile werden also durch die reciproken Radien „conform", d. h. in den kleinsten Theilen ähnlich, auf einander abgebildet.

23. Um hiernach eine Kugelfläche $\varkappa$ auf eine beliebige Ebene ε conform abzubilden, wähle man zum Centrum C der reciproken Radien einen der beiden Punkte von $\varkappa$, deren Berührungsebenen zu ε parallel sind, und setze die Potenz gleich dem Produkte der beiden Abschnitte CA und CA', welche $\varkappa$ und ε auf irgend einer durch C gehenden Geraden bilden. Dann wird $\varkappa$ in ε transformirt (21.). Projicirt man also eine Kugelfläche $\varkappa$ (stereographisch) aus einem ihrer Punkte C auf eine Ebene ε, die zu der Berührungsebene von C parallel ist, so wird die Fläche $\varkappa$ conform auf die Ebene ε abgebildet. Von dieser „stereographischen" Projection der Kugel wird bei der Herstellung von Landkarten Gebrauch gemacht. Man erreicht dadurch, dass wenigstens

die Winkel auf der Karte dieselbe Grösse haben, wie die ihnen entsprechenden auf der Erdkugel. Die Längen der verschiedenen Linien unserer Erdoberfläche müssen auf den Landkarten allemal in veränderlichem Massstabe dargestellt werden, weil eine Kugelfläche sich nicht ohne Verzerrungen auf einer Ebene abwickeln lässt.

24. Durch verschiedene reciproke Radien von gegebenem Centrum C wird eine gegebene Figur in ähnliche und ähnlich liegende Figuren verwandelt, von welchen C der Aehnlichkeitspunkt ist. Zwei beliebigen Punkten A', B' der gegebenen Figur mögen nämlich die resp. Punkte A, B oder A_1, B_1 zugeordnet sein, jenachdem die Potenz der reciproken Radien gleich p oder p_1 ist. Dann ist:

$$CA' \,.\, CA = CB' \,.\, CB = p \quad \text{und} \quad CA' \,.\, CA_1 = CB' \,.\, CB_1 = p_1,$$

und folglich:

$$CA : CA_1 = CB : CB_1 = p : p_1 \quad \text{und} \quad \triangle CAB \sim \triangle CA_1B_1.$$

Die Geraden $\overline{AB}$ und $\overline{A_1B_1}$ sind also parallel, und A und A_1, sowie B und B_1 sind homologe Punkte von zwei ähnlichen und ähnlich liegenden räumlichen Systemen; und zwar ist C ein äusserer oder innerer Aehnlichkeitspunkt, jenachdem $p : p_1$ positiv oder negativ ist. Die räumlichen Systeme sind symmetrisch und C ist ihr Symmetrie-Centrum, wenn $p = -p_1$ ist.

25. Durch reciproke Radien wird eine nicht durch das Centrum C gehende Kugel $\varkappa$ in eine Kugel $\varkappa_1$ transformirt; C ist ein Aehnlichkeitspunkt von $\varkappa$ und $\varkappa_1$. Ist nämlich p die Potenz der reciproken Radien und p_1 die Potenz der Kugel $\varkappa$ im Punkte C, so wird $\varkappa$ durch die verschiedenen reciproken Radien vom Centrum C und den Potenzen p und p_1 in zwei ähnliche und in Bezug auf C ähnlich liegende Flächen verwandelt (24.). Die eine dieser Flächen ist aber die Kugel $\varkappa$ selbst, und folglich ist auch die andere eine Kugel $\varkappa_1$. — Der frühere Satz (21.), dass jeder Ebene eine durch C gehende Kugel zugeordnet ist, kann als ein specieller Fall des eben bewiesenen betrachtet werden.

26. Einem Kreise ist durch die reciproken Radien allemal ein Kreis zugeordnet; in dem letzteren schneiden sich je zwei Kugeln, deren zugeordnete durch den ersteren gehen. Die beiden Kreise liegen auf derjenigen Kugelfläche des zu den Radien gehörigen Gebüsches, welche durch den einen von ihnen gelegt werden kann (15.). Geht der eine Kreis durch das Centrum C, so artet der andere in eine Gerade aus (21.). — Durch die stereographische Projection (23.) gehen alle Kreise der Erdkugel, insbesondere alle Meridiane

und Parallelkreise, über in Kreise der Bildebene, und zwar die Meridiane in Kreise, welche sich in den Projectionen des Nord- und des Südpoles schneiden, und die Parallelkreise in solche, welche die ersteren rechtwinklig, nicht aber einander schneiden. Nur die durch das Centrum C gehenden Kugelkreise werden in der Bildebene durch gerade Linien dargestellt. Wird C in den Nord- oder Südpol gelegt, so werden die Parallelkreise und die Meridiane dargestellt durch concentrische Kreise und deren Durchmesser.

27. Wenn eine Kugel und ein Kegel sich in einem Kreise schneiden, so haben sie noch einen zweiten Kreis mit einander gemein. In diesen zweiten Kreis nämlich verwandelt sich der erstere durch reciproke Radien, deren Centrum der Mittelpunkt C des Kegels und deren Potenz gleich derjenigen der Kugel im Punkte C ist (26.). Die beiden Kreise berühren alle Kugelkreise, welche in den Berührungsebenen des Kegels liegen. — Zwei beliebige Kreise k, k' einer Kugel können allemal durch eine und im Allgemeinen noch durch eine zweite Kegelfläche verbunden werden. Sind nämlich A und A' zwei Punkte von k resp. k', deren Tangenten sich schneiden, und B und B' zwei mit ihnen in einer Ebene liegende Punkte von k resp. k'; dann ist der Schnittpunkt C der Geraden $\overline{AA'}$ und $\overline{BB'}$ Mittelpunkt eines durch k und k' gehenden Kegels. Denn der von C aus durch k gelegte Kegel schneidet die Kugel noch in einem von k verschiedenen Kreise, welcher mit k' die Punkte A' und B' sowie die Tangente in A' gemein hat und folglich mit k' zusammenfällt. Da eine beliebige Tangente von k zwei Tangenten von k' schneidet, so erhält man zwei verschiedene durch k und k' gehende Kegel, ausgenommen, wenn die beiden Kreise sich berühren oder einer derselben ein Punktkreis ist. — Aus dem Vorhergehenden folgt: Wenn eine Ebene sich so bewegt, dass sie zwei auf einer Kugel liegende Kreise fortwährend berührt, so umhüllt sie eine die beiden Kreise verbindende Kegelfläche.

28. Ein beliebiges Kugelgebüsch Γ verwandelt sich durch reciproke Radien allemal in ein Kugelgebüsch; die Centra M und M' der beiden Gebüsche liegen mit dem Centrum C der reciproken Radien in einer Geraden. Nämlich die Kugeln, Kreise und Punktenpaare von Γ werden durch die reciproken Radien transformirt in andere Kugeln, Kreise und Punktenpaare, deren Gesammtheit wir mit Γ' bezeichnen wollen. Die Ebenen aller Kreise und die Verbindungslinien aller Punktenpaare von Γ' gehen durch einen Punkt M'; denn sie sind den durch C gehenden Kugeln und Kreisen des Gebüsches Γ zugeordnet, und diese haben ausser C noch denjenigen Punkt C_1 mit einander gemein, welcher in Γ dem Punkte C zugeordnet ist (14.); die Punkte C_1 und M' aber sind durch die reciproken Radien einander zugeordnet und liegen mit C und M in einer Geraden. Endlich aber haben die Punktenpaa-

re, Kreise und Kugeln von Γ' alle im Punkte M' gleiche Potenz und bilden folglich ein Kugelgebüsch; denn zwei beliebige von diesen Punktenpaaren liegen allemal auf einem Kreise und drei[16] von ihnen liegen auf einer Kugel von Γ', weil die ihnen zugeordneten Punktenpaare des Gebüsches Γ durch einen Kreis resp. eine Kugel von Γ verbunden werden können (15.). Damit ist bewiesen, dass Γ' ebenso wie Γ ein Kugelgebüsch ist.

29. Wenn das Kugelgebüsch Γ eine Orthogonalkugel hat, so wird diese durch die reciproken Radien in die Orthogonalkugel des zugeordneten Gebüsches Γ' verwandelt; denn wenn zwei Kugeln sich rechtwinklig schneiden, so gilt dasselbe von den beiden ihnen zugeordneten Kugeln (22.). Liegt das Centrum C der reciproken Radien auf der Orthogonalkugel von Γ, so ist Γ' ein symmetrisches Gebüsch, dessen Kugeln, Kreise und Punktenpaare eine gemeinschaftliche Symmetrie-Ebene haben, nämlich die Orthogonalebene von Γ' (13.). Das specielle Gebüsch, dessen Kugeln und Kreise alle durch einen gegebenen Punkt M gehen, verwandelt sich durch reciproke Radien in ein ähnliches specielles Gebüsch; nur wenn das Centrum der reciproken Radien mit M zusammenfällt, transformirt es sich in die Gesammtheit aller Ebenen und Geraden des Raumes, welche also auch als ein sehr specielles Kugelgebüsch zu betrachten ist.

30. Eine involutorische Punktreihe k verwandelt sich durch reciproke Radien in eine involutorische Punktreihe k', und zwar werden die Ordnungspunkte von k in diejenigen von k' transformirt; denn k und k' sind einander zugeordnete Gebilde von zwei durch sie bestimmten Kugelgebüschen, welche durch die reciproken Radien in einander transformirt werden. Nimmt man das Centrum C der Radien irgendwo auf der Kugel an, welche den Träger der involutorischen Punktreihe k in deren Ordnungspunkten O und Q rechtwinklig schneidet, so verwandelt sich k in eine symmetrische Punktreihe k', deren Punktenpaare zu einem Durchmesser des Kreises k' symmetrisch liegen (vgl. 17., 29.). Fällt C mit O oder Q zusammen, so wird k' eine g e r a d e symmetrische Punktreihe, von welcher ein Ordnungspunkt unendlich fern liegt und der andere die Strecken zwischen je zwei einander zugeordneten Punkten halbirt.

---

§. 4.

Harmonische Kreisvierecke; harmonische Punkte, Strahlen und Ebenen.

31. Von je zwei einander zugeordneten Punkten P, R einer involutorischen Punktreihe wollen wir sagen, sie seien durch die beiden Ordnungspunkte O, Q der Punktreihe „harmonisch getrennt" und bilden mit denselben eine harmonische Punktreihe $OPQR$ oder „vier harmonische Punkte". Ist der Träger der Punktreihe ein Kreis, so nennen wir ausserdem das Viereck $OPQR$ ein „harmonisches Kreisviereck". Demnach sind je zwei Punkte P, R eines Kreises, welche mit dem Schnittpunkte C von zwei Tangenten desselben in einer Geraden liegen, durch die Berührungspunkte O, Q dieser Tangenten harmonisch getrennt und bilden mit ihnen ein harmonisches Kreisviereck $OPQR$. Durch zwei beliebige Punkte eines Kreises sind insbesondere die Halbirungspunkte der beiden von ihnen begrenzten Kreisbögen harmonisch getrennt; diese beiden Halbirungspunkte liegen auf einem Durchmesser des Kreises, und je zwei Punkte des Kreises, durch welche sie harmonisch getrennt sind, liegen symmetrisch zu dem Durchmesser. Jedes Quadrat ist ein harmonisches Kreisviereck.

32. Die involutorische Punktreihe, von welcher O, Q die beiden Ordnungspunkte und P, R zwei einander zugeordnete Punkte sind, liegt in einem durch sie bestimmten Kugelgebüsch (18.). Ist C das Centrum dieses Gebüsches, so wird die Potenz desselben dargestellt durch:

$$CP \cdot CR = CO^2 = CQ^2.$$

Der Punkt C halbirt die Strecke OQ, wenn der Träger der Punktreihe eine Gerade ist. Wenn also auf einer Geraden die Punkte P, R harmonisch durch O und Q getrennt sind, so ist die Potenz des Punktenpaares P, R im Halbirungspunkte C der Strecke OQ gleich dem Quadrate der Hälfte dieser Strecke; der Punkt, von welchem dieser Halbirungspunkt durch O und Q harmonisch getrennt ist, liegt folglich unendlich fern.

33. Durch reciproke Radien verwandeln sich die Punktenpaare einer involutorischen Punktreihe k in diejenigen einer involutorischen Punktreihe k', und die Ordnungspunkte von k in die von k' (30.). Vier harmonische Punkte $OPQR$ eines Kreises oder einer Geraden k werden folglich durch reciproke Radien allemal wieder in vier harmonische Punkte $O'P'Q'R'$ transformirt. Nimmt man das Centrum der reciproken Radien auf der Kugel an, welche in O und Q die Linie k rechtwinklig schneidet, so wird $\overline{O'Q'}$ ein Durchmesser

des Kreises k' und $O'P'Q'R'$ ein zu $\overline{O'Q'}$ symmetrisch liegendes harmonisches Kreisviereck; liegt jenes Centrum zugleich auf der Kugel, welche in P und R zu k normal ist, so wird $O'P'Q'R'$ ein Quadrat. Jede harmonische Punktreihe $OPQR$ kann folglich durch reciproke Radien in die Eckpunkte eines Quadrates $O'P'Q'R'$ verwandelt werden; und da je zwei Gegenpunkte des letzteren durch die anderen beiden Gegenpunkte harmonisch getrennt sind, so ergiebt sich der wichtige Satz: Wenn auf einer Kreislinie oder Geraden die Punkte P und R harmonisch getrennt sind durch O und Q, so sind auch O und Q harmonisch getrennt durch P und R.

34. Wir wollen diesen Satz noch auf andere Art beweisen. Jede Kugel, welche durch ein Punktenpaar P, R der involutorischen Punktreihe k geht, gehört zu dem durch k bestimmten Kugelgebüsch und schneidet dessen Orthogonalkugel rechtwinklig; insbesondere gilt dieses von der Kugel, welche den Träger der Punktreihe k in P und R rechtwinklig schneidet. In dem Mittelpunkte C_1 dieser Kugel haben folglich der Kreis k und jene Orthogonalkugel gleiche Potenz, und zwar ist diese Potenz gleich dem Quadrate des Radius C_1P der Kugel (4.). Also muss C_1 auf der Potenzaxe der Orthogonalkugel und des Kreises k liegen (5., 8.); diese Potenzaxe aber geht durch die Ordnungspunkte O und Q der Punktreihe k, und es ist:

$$C_1O \cdot C_1Q = C_1P^2 = C_1R^2.$$

Dieselbe Gleichung ergiebt sich unmittelbar aus (4.), wenn der Träger der Punktreihe k eine Gerade ist; sie bedeutet, dass die Punkte O und Q ebenso durch P und R harmonisch getrennt sind, wie P und R durch O und Q. Von zwei beliebigen Punktenpaaren eines Kreises oder einer Geraden ist demnach entweder jedes oder keines durch das andere harmonisch getrennt.

35. Durch drei Punkte eines Kreises oder einer Geraden ist der vierte harmonische Punkt völlig bestimmt, sobald angegeben ist, von welchem der drei Punkte er getrennt sein soll (31., 32.). — Die Orthogonalkugel eines Kugelgebüsches schneidet jeden Kreis, welcher durch ein Punktenpaar P, R des Gebüsches geht, in zwei durch P und R harmonisch getrennten Punkten O, Q (31., 34.). — Ein Kreis, welcher zwei zu einander normale Kugeln schneidet, und zwar die eine rechtwinklig, hat mit denselben vier harmonische Punkte gemein; insbesondere schneidet jeder Durchmesser der einen Kugel, welcher eine Secante der anderen ist, die beiden Kugeln in vier harmonischen Punkten. Denn die eine Kugel ist die Orthogonalkugel eines Gebüsches, welchem die andere Kugel und auch der Kreis angehört, und die gemeinschaftlichen Punkte P, R dieser letzteren bilden ein Punktenpaar dieses Gebüsches. — Wenn drei Kreise einer Kugel oder Ebene $\varkappa$ sich ge-

genseitig unter rechten Winkeln schneiden, so hat jeder von ihnen mit den beiden anderen vier harmonische Punkte gemein; zum Beweise lege man durch zwei von den drei Kreisen Kugeln,[19] welche zu $\varkappa$ normal sind.

36. Es sei $OPQR$ ein harmonisches Viereck in einem Kreise k; die Tangenten von k in den Punkten O und Q mögen sich demgemäss in einem Punkte C der Diagonale $\overline{PR}$ schneiden. Dann sind die Dreiecke OPC und ROC ähnlich, weil sie bei C denselben Winkel haben und ihre Winkel OPC und ROC als Peripheriewinkel über dem Kreisbogen $\overset{\frown}{OR}$ gleich sind; und ebenso ist $\triangle QPC \sim \triangle RQC$. Daraus folgt:

$$OP : RO = PC : OC \text{ und } QP : RQ = PC : QC,$$

und weil die Tangenten OC und QC gleiche Länge haben:

$$OP : RO = QP : RQ \text{ oder } RQ \cdot OP = RO \cdot QP.$$

Die beiden Rechtecke aus den zwei Paar Gegenseiten eines harmonischen Kreisvierecks sind demnach inhaltsgleich.

37. Wenn man den Eckpunkt R eines Kreisvierecks $OPQR$ auf dem Kreise stetig verschiebt, so nimmt von den Seiten RO und RQ die eine zu und zugleich die andere ab, und es giebt deshalb nur eine Lage des Punktes R, für welche die Rechtecke aus den Gegenseiten des Kreisvierecks $OPQR$ inhaltsgleich werden. Daraus folgt wieder der frühere Satz, dass durch drei Kreispunkte O, P, Q der vierte harmonische, von P getrennte Punkt R eindeutig bestimmt ist. Zugleich aber ergiebt sich als Umkehrung eines vorhergehenden Satzes: Ein Kreisviereck ist harmonisch, wenn die aus seinen Gegenseiten gebildeten Rechtecke gleichen Inhalt haben. Auch hieraus schliesst man leicht, dass von zwei Punktenpaaren eines Kreises entweder jedes oder keines durch das andere harmonisch getrennt ist.

38. Indem wir uns nunmehr den harmonischen Strahlen und Ebenen zuwenden, schicken wir folgenden Hülfssatz voraus: Legt man in einer Ebene durch einen Punkt S drei Gerade a, b, c und zwei Kreise k, k', so haben die letzteren mit den ersteren ausser S noch die Eckpunkte von zwei ähnlichen Dreiecken ABC und $A'B'C'$ gemein. Nämlich die Winkel A, B, C des Dreiecks ABC sind als Peripheriewinkel über den Bögen $\overset{\frown}{BC}, \overset{\frown}{CA}, \overset{\frown}{AB}$ des Kreises k gleich den resp. Winkeln $\overset{\frown}{bc}$, $\overset{\frown}{ca}$, $\overset{\frown}{ab}$[13]); denselben Winkeln aber sind ebenso die Winkel A', B', C' des Dreiecks $A'B'C'$ beziehungsweise gleich, so dass

---

[13]) $\overset{\frown}{ab}$ bezeichnet denjenigen von a und b begrenzten Winkel, in welchem c n i c h t liegt; und Analoges gilt von $\overset{\frown}{bc}$ und $\overset{\frown}{ca}$.

$\angle A = A', B = B', C = C'$ und folglich $\triangle ABC \sim \triangle A'B'C'$ wird. — Wir können den Hülfssatz sofort zu dem folgenden Satze erweitern: Legt man in der Ebene durch einen Punkt S irgend n Gerade a, b, c, d ... und zwei Kreise k, k', so haben die letzteren mit den ersteren ausser S noch die Eckpunkte von zwei ähnlichen n-ecken $ABCD$ ... und $A'B'C'D'$ ... gemein. Denn die Winkel dieser n-ecke sind beziehungsweise gleich und ihre Seiten stehen in constantem Verhältnisse zu einander, so dass:

$$AB : A'B' = BC : B'C' = CD : C'D' = \dots$$

Dieses constante Verhältniss ist wie man leicht findet gleich demjenigen der Radien von k und k'.

39. Vier Gerade o, p, q, r eines Punktes S heissen „vier harmonische Strahlen", wenn sie mit irgend einem durch S gehenden Kreise k ausser S noch vier harmonische Punkte O, P, Q, R gemein haben; die Strahlen p und r sind „harmonisch getrennt" durch o und q und „einander zugeordnet", wenn die auf ihnen liegenden Punkte P und R durch O und Q harmonisch getrennt sind. Die vier harmonischen Strahlen o, p, q, r haben aber nicht blos mit k, sondern auch mit jedem anderen durch S gehenden Kreise k' ihrer Ebene ausser S noch vier harmonische Punkte O', P', Q', R' gemein. Denn die Vierecke $OPQR$ und $O'P'Q'R'$ sind ähnlich (38.), und aus der Bedingungsgleichung:

$$OP : RO = QP : RQ \quad \text{oder} \quad RQ \cdot OP = RO \cdot QP$$

für das harmonische Kreisviereck $OPQR$ folgt deshalb:

$$O'P' : R'O' = Q'P' : R'Q' \quad \text{oder} \quad R'Q' \cdot O'P' = R'O' \cdot Q'P';$$

wegen dieser letzteren Gleichung aber ist auch $O'P'Q'R'$ ein harmonisches Viereck (37.).

40. Transformiren wir alle durch S gehenden Kreise der Ebene mittelst reciproker Radien, deren Centrum S ist, so erhalten wir alle nicht durch S gehenden Geraden der Ebene; und da vier harmonische Punkte allemal wieder in vier harmonische Punkte, die Strahlen o, p, q, r aber in sich selbst transformirt werden, so ergiebt sich der wichtige Satz: Vier harmonische Strahlen o, p, q, r haben nicht allein mit jedem durch ihren Schnittpunkt S gehenden Kreise, sondern auch mit jeder nicht durch S gehenden Geraden der Ebene vier harmonische Punkte gemein. Auch leuchtet ein, dass vier Strahlen eines Punktes S harmonisch sind, wenn sie von irgend einer Geraden in vier harmonischen Punkten geschnitten werden; die Gerade nämlich

verwandelt sich durch reciproke Radien vom Centrum S in einen Kreis, welcher mit den vier Strahlen ausser S noch vier harmonische Punkte gemein hat. [21]

41. Durch drei Strahlen o, p, q, die in einer Ebene durch einen Punkt S gehen, ist der vierte harmonische Strahl r eindeutig bestimmt, sobald angegeben ist, von welchem der drei Strahlen er getrennt sein soll (35.). Um ihn zu construiren, bringe man o, p, q mit einem durch S gehenden Kreise oder mit irgend einer Geraden der Ebene zum Durchschnitt in den Punkten O, P, Q und construire zu diesen den vierten harmonischen Punkt R; derselbe liegt auf r. — Jede Gerade der Ebene, welche zu einem der vier harmonischen Strahlen parallel ist, schneidet die drei übrigen in äquidistanten Punkten; denn wenn von vier harmonischen Punkten einer Geraden der eine unendlich fern liegt, so halbirt der von ihm getrennte Punkt die Strecke zwischen den übrigen beiden Punkten (32.). — Die Halbirungslinien von zwei Nebenwinkeln sind durch die Schenkel der Winkel harmonisch getrennt (31.), und wenn von vier harmonischen Strahlen zwei getrennte zu einander normal sind, so halbiren sie die Winkel zwischen den beiden übrigen Strahlen; zum Beweise bringe man die Strahlen mit einem durch ihren Schnittpunkt gehenden Kreise zum zweiten Male zum Durchschnitt.

42. Vier durch eine Gerade s gehende Ebenen ω, π, $\varkappa$, ϱ heissen „vier harmonische Ebenen", wenn sie von irgend einer fünften Ebene ε in vier harmonischen Strahlen o, p, q, r geschnitten werden; die Ebenen π und ϱ sind „harmonisch getrennt" durch ω und $\varkappa$ und einander zugeordnet, wenn die in ihnen liegenden Strahlen p und r durch o und q harmonisch getrennt sind. Die vier harmonischen Ebenen werden nicht blos von ε, sondern auch von jeder anderen Ebene ε', die nicht durch die Gerade (oder „Axe") s geht, in vier harmonischen Strahlen geschnitten; diese vier Strahlen nämlich schneiden sich in einem Punkte von s und gehen durch die vier harmonischen Punkte, welche ε' mit den harmonischen Strahlen o, p, q, r gemein hat (40.). Jede zur Axe s windschiefe Gerade und jeder die Axe in einem Punkte schneidende Kreis hat folglich mit den vier harmonischen Ebenen vier harmonische Punkte gemein.

43. Eine Gerade, welche zu einer der vier harmonischen Ebenen parallel ist, schneidet die übrigen drei in aequidistanten Punkten (41.). Die harmonischen Ebenen werden von jeder zu ihrer Axe s parallelen Ebene ε_1 in vier parallelen Strahlen geschnitten, welche mit den in ε_1 liegenden Transversalen je vier harmonische Punkte gemein haben (42.) und deshalb ebenfalls harmonische Strahlen genannt werden. Vier parallele oder durch eine Axe s

gehende Ebenen sind harmonisch, wenn sie von irgend einer Geraden in vier harmonischen Punkten oder von irgend einer Ebene in vier harmonischen Strahlen geschnitten werden. Durch drei Ebenen einer Axe ist die vierte harmonische bestimmt.[22]

---

§. 5.
Kugelbündel und Kugelbüschel. Orthogonale Kreise.

44. Die Gesammtheit aller Kugeln und Kreise, welche zwei verschiedenen Kugelgebüschen zugleich angehören, bezeichnen wir mit dem Namen „Kugelbündel". Demgemäss sagen wir, zwei Kugelgebüsche durchdringen oder schneiden sich in einem Kugelbündel und haben einen Bündel mit einander gemein; derselbe liegt in den beiden Gebüschen und ist ihr Schnitt. Durch einen beliebigen Punkt P geht allemal ein Kreis des Kugelbündels; dieser Kreis verbindet den Punkt P mit den Punkten P' und P'', welche ihm in den beiden Gebüschen zugeordnet sind, und liegt auf allen durch P gehenden Kugeln des Bündels. Alle durch einen Kreis des Bündels gehenden Kugeln gehören zu dem Bündel. Zwei beliebige Punkte P, Q können deshalb allemal durch eine Kugel des Bündels verbunden werden, und das Gleiche gilt von zwei beliebigen Kreisen des Bündels.

45. Alle Kugeln, welche zwei gegebene Kugeln oder einen gegebenen Kreis oder eine Gerade rechtwinklig schneiden, bilden mit ihren Schnittkreisen zusammen einen Kugelbündel (13.). Wenn die Centra C und C_1 von zwei Kugelgebüschen zusammenfallen, so besteht ihr gemeinschaftlicher Kugelbündel aus allen durch C gehenden Ebenen und Geraden und ist ein gewöhnlicher Ebenen- oder Strahlenbündel mit dem Mittelpunkte C. Sind dagegen, wie wir jetzt annehmen wollen, die Centra C und C_1 der Gebüsche zwei verschiedene Punkte, so enthält der Kugelbündel keine anderen Ebenen, als die durch die Gerade $\overline{CC_1}$ gehenden. Diese Gerade nennen wir die „Potenz-Axe" oder kürzer die „Axe des Kugelbündels"; durch eine Drehung um dieselbe ändert sich der Bündel nicht. Da jeder Punkt, welcher mit zwei Potenzpunkten von zwei oder mehreren Kugeln in einer Geraden liegt, selbst ein Potenzpunkt dieser Kugeln ist (6.), so ergiebt sich: Die Kugeln des Bündels haben nicht blos in jedem der Punkte C und C_1, sondern überhaupt in jedem Punkte der Potenz-Axe $\overline{CC_1}$ gleiche Potenz.

46. In dem Kugelbündel durchdringen sich nicht blos zwei, sondern unendlich viele Kugelgebüsche, und zwar ist jeder Punkt seiner Axe $\overline{CC_1}$ das Centrum von einem dieser Gebüsche (4̃5.). Von den Orthogonalkugeln dieser Gebüsche werden alle Kugeln des Bündels rechtwinklig geschnitten. In dem Mittelpunkte einer jeden Kugel des Bündels haben deshalb diese seine Orthogonalkugeln gleiche Potenz (4.), und die Kugeln des Bündels haben eine gemeinschaftliche Centralebene, nämlich die Potenzebene der Orthogonalkugeln, welche auf der Centrallinie der letzteren, d. h. auf der Axe $\overline{CC_1}$ normal steht (6., 7.). Diese Centralebene des Bündels, in welcher die Mittelpunkte aller seiner Kugeln liegen, ist zugleich die Orthogonalebene eines durch den Bündel gehenden symmetrischen Kugelgebüsches, dessen Mittelpunkt auf der Axe $\overline{CC_1}$ unendlich fern liegt (13.). — Durch jeden Punkt P geht eine Orthogonalkugel des Bündels; dieselbe schneidet den durch P gehenden Kreis des Bündels (44.) rechtwinklig in P und ihr Mittelpunkt liegt auf der Axe $\overline{CC_1}$.

47. Um einen Kugelbündel zu bestimmen, kann man entweder zwei durch ihn gehende Kugelgebüsche, oder zwei seiner Orthogonalkugeln, oder seine Axe und eine seiner Kugeln willkürlich annehmen. Drei beliebige Kugeln, welche nicht eine gemeinschaftliche Potenzebene haben, bestimmen einen durch sie gehenden Kugelbündel; ihre Potenz-Axe nämlich ist die Axe dieses Bündels, und jedes Kugelgebüsch, welches die drei Kugeln enthält, geht durch den Bündel. Ein Kugelbündel kann deshalb mit jeder nicht in ihm enthaltenen Kugel durch ein Kugelgebüsch verbunden werden (12.).

48. Wenn die Axe eines Kugelbündels mit irgend einer nicht durch sie gehenden Kugel desselben einen Punkt M gemein hat, so gehen durch M alle Kugeln und Kreise des Bündels; denn sie haben in M die gleiche Potenz Null. Entweder besteht deshalb der Bündel aus allen Kugeln und Kreisen, welche die Axe in zwei Punkten M und N schneiden oder in einem Punkte M berühren, oder seine Kugeln und Kreise haben keinen Punkt mit der Axe gemein und ihre Potenz ist in jedem Punkte der Axe positiv. In dem letzteren Falle giebt es in der Central-Ebene des Bündels einen Kreis, welcher alle Kugeln des Bündels rechtwinklig schneidet, den „Orthogonalkreis"; der Mittelpunkt desselben liegt auf der Axe, und die Potenz des Bündels in diesem Mittelpunkte ist gleich dem Quadrate seines Radius (4.). Dieser Orthogonalkreis ist der Ort aller Punktkugeln des Bündels und in ihm schneiden sich alle Orthogonalkugeln desselben. Wenn dagegen alle Kugeln des Bündels sich in zwei Punkten schneiden, so reduciren sich auf diese Punkte zwei Orthogonalkugeln des Bündels; dieser selbst aber enthält keine Punktkugeln und seine Orthogonalkugeln haben folglich keinen Punkt mit einander gemein.

Der specielle Bündel, dessen Kugeln die Axe in einem Punkte M berühren, hat alle Kugeln, welche in M die Axe rechtwinklig schneiden und folglich einander in M berühren, zu Orthogonalkugeln.

49. Die Gesammtheit aller Kugeln, welche drei verschiedenen, nicht durch einen und denselben Bündel gehenden Kugelgebüschen zugleich angehören, nennen wir einen „Kugelbüschel". Jedes der drei Gebüsche schneidet den Bündel, welchen die beiden übrigen mit einander gemein haben, in diesem Kugelbüschel. Durch einen beliebigen Punkt P geht allemal eine Kugel des Büschels; dieselbe verbindet den Punkt P mit den drei Punkten P', P'' und P''', welche ihm in den drei Gebüschen zugeordnet sind. Alle Kugeln, welche drei beliebig angenommene Kugeln oder eine Kugel und einen beliebigen Kreis rechtwinklig schneiden, bilden einen Kugelbüschel (13., 45.), ebenso alle durch drei Punkte, d. h. durch einen Kreis gehenden Kugeln. Liegen die Centra von drei Gebüschen in einer Geraden, so besteht ihr gemeinsamer Kugelbüschel aus allen durch diese Gerade gehenden Ebenen (vgl. 45.); bilden dagegen, wie wir jetzt annehmen wollen, diese Centra ein Dreieck, so ist dessen Ebene die einzige des Büschels und zugleich (6.) Potenz-Ebene von je zwei Kugeln desselben. Diese Ebene heisst die „Potenz-Ebene des Büschels", weil seine Kugeln in jedem Punkte der Ebene gleiche Potenz haben.

50. In dem Kugelbüschel durchdringen sich nicht blos drei, sondern unendlich viele Kugelgebüsche und Kugelbündel; und zwar ist jeder Punkt seiner Potenzebene das Centrum von einem dieser Gebüsche und jede Gerade derselben die Axe von einem dieser Bündel (49.). Die Orthogonalkugeln und Orthogonalkreise aller durch den Büschel gehenden Gebüsche und Bündel schneiden jede Kugel des Büschels rechtwinklig und haben in deren Centrum gleiche Potenz; sie bilden folglich einen Kugelbündel. Ebenso bilden die Orthogonalkugeln eines Kugelbündels einen Büschel, weil sie drei beliebige Kugeln des Bündels rechtwinklig schneiden (49.). Ueberhaupt gehört zu jedem Kugelbüschel ein zu ihm orthogonaler Kugelbündel und zu jedem Bündel ein zu ihm orthogonaler Büschel. Die Mittelpunkte aller Kugeln des Bündels liegen in der Potenz-Ebene des zugehörigen Büschels und diejenigen aller Kugeln des Büschels liegen in der Potenz-Axe des Bündels.

51. Um einen Kugelbüschel zu bestimmen, kann man entweder drei durch ihn gehende Gebüsche, oder drei seiner Orthogonalkugeln, oder seine Potenz-Ebene und eine seiner Kugeln, oder endlich zwei seiner Kugeln willkürlich annehmen. Bei der letzten Annahme ist die Potenz-Ebene der beiden Kugeln zugleich diejenige des Büschels; sie enthält die Centra aller durch den Büschel gehenden Gebüsche. Der Büschel kann mit jeder nicht in ihm enthaltenen

Kugel durch einen Kugelbündel verbunden werden (47.); er liegt in jedem Gebüsche und jedem Bündel, mit welchem er zwei Kugeln gemein hat; mit zwei beliebigen Kugeln oder mit einem beliebigen Kreise oder einem anderen Kugelbüschel kann er durch ein Gebüsch verbunden werden.

52. Die Kugeln eines Büschels schneiden sich entweder in einem Kreise, oder sie berühren sich in einem Punkte, oder sie haben keinen Punkt mit einander gemein (48.). In dem letzteren Falle enthält der Büschel zwei Punktkugeln M, N, durch welche alle seine Orthogonalkugeln und Orthogonalkreise gehen (48.). In jedem Punkte C der Centrale $\overline{MN}$ des Büschels hat demnach das Punktenpaar M, N dieselbe Potenz wie diese Orthogonalkugeln, und der Radius derjenigen Kugel des Büschels, welche C zum Mittelpunkt hat, ist gleich der Quadratwurzel aus jener Potenz.

53. Ein Kugelbüschel wird von einem beliebigen Kreise in einer involutorischen Punktreihe geschnitten; dieselbe liegt in dem Kugelgebüsch, welches (51.) den Büschel mit dem Kreise verbindet. Dieser Satz erleidet nur dann eine Ausnahme, wenn der Kreis durch einen Punkt geht, welcher auf allen Kugeln des Büschels liegt. Wird der Kreis durch die Punktkugeln des Büschels gelegt, wenn solche existiren, so sind diese die beiden Ordnungspunkte der involutorischen Punktreihe. Durch die Punktkugeln eines Büschels sind folglich je zwei Punkte harmonisch getrennt, in welchen irgend eine Kugel des Büschels von einem beliebigen Orthogonalkreise desselben geschnitten wird. Selbstverständlich wird ein Kugelbüschel auch von einer beliebigen Geraden in einer involutorischen Punktreihe geschnitten, und z. B. die Centrale des Büschels schneidet jede Kugel desselben in zwei Punkten, welche durch die beiden Punktkugeln, wenn solche existiren, harmonisch getrennt sind.

54. Durch reciproke Radien verwandelt sich ein Kugelbündel allemal in einen Kugelbündel und der Büschel orthogonaler Kugeln des ersteren in denjenigen des letzteren Bündels; denn jedes durch einen Bündel gehende Kugelgebüsch wird in ein Kugelgebüsch transformirt (28.). Wenn die Kugeln eines Bündels sich in zwei Punkten M, N schneiden und einer dieser Punkte zum Centrum M der reciproken Radien gewählt wird, so verwandelt sich der Kugelbündel in einen Bündel N' von Ebenen und Strahlen (vgl. 45.), und der zugehörige Kugelbüschel in einen Büschel concentrischer Kugeln, deren Centrum der Punkt N' ist. Dieser dem Punkte N zugeordnete Punkt rückt in's Unendliche, und die concentrischen Kugeln gehen in parallele Ebenen über, wenn M und N zusammenfallen. — Hat der Kugelbündel einen Orthogonalkreis, und verlegt man auf diesen das Centrum der reciproken Radien, so besteht der zugeordnete Bündel aus allen Kugeln, welche

die dem Orthogonalkreise zugeordnete Gerade rechtwinklig schneiden, deren Mittelpunkte also auf dieser Geraden liegen, sowie aus den Schnittkreisen dieser Kugeln; die Orthogonalkugeln des²⁶ Bündels aber verwandeln sich in die Ebenen, welche sich in jener Geraden schneiden.

55. Zwei Kreise nennen wir „orthogonal", wenn je zwei durch sie gelegte Kugeln sich rechtwinklig schneiden. Alle Kugeln, welche durch den einen von zwei orthogonalen Kreisen gehen, sind demnach Orthogonalkugeln des durch den anderen gehenden Kugelbüschels. Zwei orthogonale Kreise k und k_1 greifen in einander ein, wie zwei benachbarte Ringe einer Kette; ihre Ebenen schneiden sich rechtwinklig in der Verbindungslinie ihrer Mittelpunkte, weil jede von ihnen den in der anderen liegenden Kreis rechtwinklig schneidet. Zwei durch k und k_1 gelegte Kugeln $\varkappa$ und $\varkappa_1$ haben allemal einen Kreis k' mit einander gemein, welcher von k und k_1 in zwei sich harmonisch trennenden Punktenpaaren rechtwinklig geschnitten wird. Der Kreis k nämlich schneidet die Kugel $\varkappa_1$ und folglich auch den auf $\varkappa_1$ liegenden Kreis k' rechtwinklig, und dasselbe gilt von k_1, $\varkappa$ und k'; man kann folglich durch k und k_1 zwei zu einander und zu k' normale Kugeln legen, und dass diese von k' in vier harmonischen Punkten geschnitten werden, lehrt ein früherer Satz (35.).

56. Alle Ebenen, welche zwei orthogonale Kreise k, k_1 in vier Kreispunkten schneiden, gehen durch einen Punkt C, nämlich durch das Centrum des durch k und k_1 bestimmten Kugelgebüsches (12.); durch denselben Punkt C gehen auch die Ebenen der orthogonalen Kreise. Eine beliebig durch C gelegte Ebene schneidet die beiden orthogonalen Kreise allemal in vier harmonischen Kreispunkten (55.). Auch die durch C gehende Centrale der Kreise k und k_1 schneidet dieselben in zwei sich harmonisch trennenden Punktenpaaren. — Zwei orthogonale Kreise verwandeln sich durch reciproke Radien allemal wieder in zwei orthogonale Kreise. Wenn insbesondere das Centrum der reciproken Radien auf dem einen der beiden orthogonalen Kreise angenommen wird, so verwandelt sich dieser in eine Gerade g, der andere aber in einen Kreis, dessen Ebene zu g normal ist und dessen Mittelpunkt in g liegt. Man überzeugt sich leicht, dass vier Kreispunkte, von welchen zwei auf der Geraden g und die anderen beiden auf einem zu g orthogonalen Kreise liegen, harmonische Kreispunkte sind; die letzteren beiden Punkte haben nämlich zu g symmetrische Lage.

57. Vier Kugelflächen, von welchen jede zu den drei anderen normal ist, schneiden sich paarweise in sechs Kreisen und zu dreien in vier Punktenpaaren. Je zwei von den vier Punktenpaaren liegen auf einem der sechs Kreise

und trennen sich gegenseitig harmonisch (35.). Auf jeder der vier Kugeln liegen und durch jedes der vier Punktenpaare gehen drei von den sechs Kreisen; dieselben schneiden sich rechtwinklig. Jeder der sechs Kreise schneidet vier von den übrigen rechtwinklig in zwei von den vier Punktenpaaren und ist zu dem fünften orthogonal. Die Ebenen der sechs Kreise schneiden sich zu dreien in den vier Verbindungslinien der vier Punktenpaare und sind zu zweien zu einander normal; sie gehen alle durch einen Punkt, nämlich durch das Centrum des Kugelgebüsches, in welchem die vier Kugeln liegen. Wenn man eine Kugel und drei zu einander normale Durchmesserebenen derselben durch reciproke Radien transformirt, so erhält man vier zu einander normale Kugelflächen.

---

§. 6.
Kreisbündel und Kreisbüschel.

58. Ein „Kreisbündel" besteht aus allen Kreisen und Punktenpaaren einer Kugel oder Ebene, die in einem gegebenen Punkte C eine bestimmte Potenz p haben. Die Kugel oder Ebene heisst der „Träger", C das Centrum und p die Potenz des Kreisbündels. Auf einer Kugel ist ein Kreisbündel bestimmt, wenn sein Centrum C beliebig im Raume angenommen wird, denn seine Kreise und Punktenpaare liegen in den durch C gehenden Ebenen und Geraden; ebenso ist er durch drei beliebige Kugelkreise bestimmt, deren Ebenen sich in einem Punkte C, nicht aber in einer Geraden schneiden. In einer Ebene ist ein Kreisbündel bestimmt, wenn sein Centrum in der Ebene, ausserdem aber seine Potenz oder einer seiner Kreise beliebig angenommen wird. Die Kreise und Punktenpaare eines Kugelgebüsches, welche auf einer beliebigen Kugel oder Ebene desselben liegen, bilden einen Kreisbündel, welcher dasselbe Centrum und dieselbe Potenz hat wie das Gebüsch. Durch einen Kreisbündel ist das ihn enthaltende Kugelgebüsch völlig bestimmt. Zwei beliebige Punktenpaare des Kreisbündels können allemal durch einen Kreis desselben verbunden werden (15.).

59. Ein Kugelbündel wird von jeder nicht in ihm enthaltenen Kugel oder Ebene in einem Kreisbündel geschnitten; denn er kann mit ihr durch ein Gebüsch verbunden werden (47.), und zu diesem gehört der Kreisbündel

(58.). Alle Kugeln und Kreise eines zweiten Gebüsches, welche durch die Kreise und Punktenpaare des Kreisbündels gehen (15.), liegen in einem Kugelbündel, nämlich in dem Schnitt der[28] beiden Gebüsche. Die Kugeln und Kreise, welche einen beliebigen Punkt M mit den Kreisen und Punktenpaaren eines Kreisbündels verbinden, schneiden sich deshalb entweder in noch einem Punkte N, oder sie haben in M eine gemeinschaftliche Tangente (48.). Der Kreisbündel, welcher durch drei beliebige Kreise einer Ebene geht, ist hiernach leicht zu construiren und im Allgemeinen völlig bestimmt. — Durch reciproke Radien verwandelt sich ein Kreisbündel allemal in einen Kreisbündel (vgl. 54.).

60. Ist die Potenz eines Kreisbündels positiv, so werden alle seine Kreise von einem bestimmten Kreise rechtwinklig geschnitten; dieser „Orthogonalkreis" liegt auf der Orthogonalkugel des durch den Kreisbündel gehenden Kugelgebüsches (13.) und ist der Ort aller Punktkreise des Bündels. Ist der Träger des Kreisbündels eine Kugel, so enthält der Orthogonalkreis alle Punkte derselben, deren Berührungsebenen durch das Centrum C des Bündels gehen. Alle Kreise einer Kugel oder Ebene, welche einen auf ihr liegenden Kreis rechtwinklig schneiden, gehören zu einem Kreisbündel; derselbe ist durch seinen Träger und den gegebenen Orthogonalkreis völlig bestimmt. — Ist die Potenz eines Kreisbündels negativ, so schneidet jeder Kreis desselben alle übrigen (13.). Ist die Potenz Null, so besteht der Bündel aus allen durch einen Punkt C gehenden Kreisen des Trägers; der Punkt C ist das Centrum des Bündels, er gehört zu jedem Punktenpaare desselben und auf ihn reducirt sich der Orthogonalkreis. Durch reciproke Radien, deren Centrum C ist, verwandelt sich dieser specielle Kreisbündel in ein ebenes System, d. h. in die Gesammtheit aller Geraden und Punkte einer Ebene.

61. Ein „Kreisbüschel" besteht aus allen Kreisen, welche zwei Kreisbündeln einer Kugel oder Ebene zugleich angehören. Die Gerade, welche die Centra der beiden Bündel verbindet, heisst die „Potenzaxe" oder kürzer die „Axe" des Kreisbüschels; sie ist zugleich die Axe eines den Kreisbüschel enthaltenden und durch ihn bestimmten Kugelbündels (58.). Die Kreise des Büschels haben in jedem Punkte der Axe gleiche Potenz und ihre Ebenen gehen durch die Axe; jeder Punkt der Axe ist folglich das Centrum eines durch den Büschel gehenden Kreisbündels. Alle Kreise einer Kugel oder Ebene, welche zwei willkürlich auf derselben angenommene Kreise rechtwinklig schneiden, bilden einen Kreisbüschel (60.); ebenso alle Kreise einer Kugel, deren Ebenen durch eine gegebene Gerade gehen. Die Kreise eines Kugelbündels, welche auf einer Kugel oder Ebene desselben liegen, bilden einen Kreisbüschel, dessen Axe mit derjenigen des Kugelbündels zusam-

menfällt.

62. Ein Kugelbüschel wird von jeder nicht in ihm enthaltenen Kugel oder Ebene in einem Kreisbüschel geschnitten, weil er mit derselben durch einen Kugelbündel verbunden werden kann (51.). Alle Kugeln eines beliebigen Gebüsches, welche durch die einzelnen Kreise des Kreisbüschels gehen, liegen in einem Kugelbüschel; in demselben durchdringen sich das Gebüsch und der durch den Kreisbüschel bestimmte Kugelbündel. Alle Kugeln, welche einen beliebigen Punkt M mit den Kreisen eines Kreisbüschels verbinden, schneiden sich deshalb entweder in einem Kreise oder berühren sich in M. Der Kreisbüschel, welcher durch zwei gegebene Kreise einer Ebene oder Kugel geht, ist hiernach leicht zu construiren und völlig bestimmt. Durch jeden Punkt des Trägers geht ein Kreis des Büschels.

63. Zu jedem Kreisbüschel erhält man auf demselben Träger einen „orthogonalen" Kreisbüschel, dessen Kreise zu denjenigen des ersteren normal sind. Nämlich die Orthogonalkugeln des Kugelbündels, welcher durch den Kreisbüschel bestimmt ist (61.), schneiden den Träger des Büschels in den Kreisen des zugehörigen orthogonalen Kreisbüschels. Jeder Kreis des einen von zwei orthogonalen Büscheln ist der Orthogonalkreis eines durch den anderen gehenden Kreisbündels. Wenn zwei und folglich alle Kreise des einen Büschels sich in zwei Punkten M, N schneiden, so haben die Kreise des anderen Büschels keinen Punkt mit einander gemein und zwei von ihnen reduciren sich auf die Punkte M und N. Wenn dagegen keine zwei Kreise des ersten Büschels einen Punkt mit einander gemein haben, so enthält dieser Büschel zwei Punktkreise (48.), durch welche alle Kreise des anderen Büschels gehen. Wenn endlich die Kreise des einen Büschels sich in einem Punkte M berühren, so schneiden sie in M die Kreise des anderen Büschels rechtwinklig, und letztere berühren sich ebenfalls in M.

64. Wenn zwei orthogonale Kreisbüschel in einer Ebene liegen, so ist die Axe eines jeden von ihnen die Centrale des anderen; denn im Centrum eines Kreises des einen Büschels haben alle Kreise des anderen gleiche Potenz (4.) und der Ort jenes Centrums ist folglich die Potenzaxe dieses anderen Büschels. Zwei orthogonale Kreisbüschel einer Kugel haben zwei sich rechtwinklig kreuzende Axen, von welchen die eine zwei Punkte M, N mit der Kugel gemein hat, während in der anderen die Berührungsebenen von M und N sich schneiden (63.); jede dieser Axen steht normal auf der Ebene, welche die andere mit dem Mittelpunkte der Kugel verbindet; nur dann schneiden sich die beiden Axen rechtwinklig in einem Punkte M, wenn die eine und folglich (63.) auch die andere in M die Kugel berührt.

65. Durch reciproke Radien verwandeln sich zwei orthogonale Kreis-büschel allemal in zwei orthogonale Kreisbüschel; letztere liegen in einer Ebene, wenn auf dem Träger der ersteren[30] das Centrum der Radien angenommen wird. Wählt man dieses Centrum beliebig auf einem Kreise, welcher alle Kreise des einen Büschels in ihren beiden gemeinschaftlichen Punkten M, N rechtwinklig schneidet, so verwandeln sich die orthogonalen Büschel in zwei andere, deren Kreise zu einander liegen wie die Meridiane und Parallelkreise der Erdkugel; sie verwandeln sich in einen Büschel concentrischer Kreise und deren Durchmesser, wenn das Centrum der reciproken Radien mit M oder N zusammenfällt. Wenn endlich alle Kreise der beiden orthogonalen Büschel durch einen Punkt M gehen, so verwandeln sie sich durch reciproke Radien vom Centrum M in zwei ebene Büschel paralleler Strahlen, deren Richtungen zu einander normal sind.

---

§. 7.
Das sphärische und das cyklische Polarsystem.

66. Wenn durch reciproke Radien vom Centrum C und der Potenz p einem beliebigen Punkte A des Raumes der Punkt A' zugeordnet ist, so nennen wir diejenige Ebene α, welche in A' zu der Geraden $\overline{CA}$ normal ist, die „Polar-Ebene" oder kürzer die „Polare" des Punktes A; umgekehrt nennen wir A den „Pol" dieser Ebene α. Zu jedem Punkte gehört eine bestimmte Polarebene und zu jeder Ebene gehört ein Pol; und zwar ist dieser Pol durch die reciproken Radien demjenigen Punkte der Ebene zugeordnet, welcher dem Centrum C am nächsten liegt. Die Gesammtheit aller dieser zusammengehörigen Pole und Polaren heisst ein „räumliches Polarsystem"; wir bezeichnen dasselbe specieller als ein „sphärisches", weil es, wie wir sehen werden, zu einer Kugel in inniger Beziehung steht. Der Punkt C heisst das Centrum und die durch C gehenden Geraden und Ebenen heissen „Durchmesser" und „Durchmesser-Ebenen" des Polarsystemes. Rückt ein Punkt nach irgend einer Richtung in's Unendliche, so fällt seine Polare mit der zu dieser Richtung normalen Durchmesser-Ebene zusammen. Die Polare des Centrums C liegt unendlich fern.

67. Von zwei Punkten A, B' liegt entweder keiner oder jeder in der Polare des anderen. Sind nämlich diesen Punkten die resp. Punkte A', B durch die

reciproken Radien zugeordnet, so sind die Dreiecke $CA'B'$ und CBA ähnlich (20.); wenn aber B' in der Polare von A liegt, so ist das Dreieck $CA'B'$ bei A', also auch CBA bei B rechtwinklig,[31] und der Punkt A liegt folglich in der Polar-Ebene von B', welche in B zu der Geraden $\overline{CBB'}$ normal ist. — Wir können den eben bewiesenen Satz auch so aussprechen: Von zwei Ebenen geht entweder keine oder jede durch den Pol der anderen. Wenn also eine Ebene sich dreht um einen auf ihr liegenden Punkt, so bewegt sich ihr Pol in der Polar-Ebene dieses Punktes; und wenn umgekehrt ein Punkt eine Ebene beschreibt, so dreht sich seine Polare um den Pol dieser Ebene. Beschreibt ein Punkt eine Gerade g, bewegt er sich also in zwei durch g gehenden Ebenen zugleich, so dreht sich seine Polare um die beiden Pole dieser Ebenen, d. h. um die Verbindungslinie g_1 dieser beiden Pole; jede der beiden Geraden g, g_1 heisst die „Polare" der anderen.

68. In der Polare g_1 einer Geraden g schneiden sich die Polar-Ebenen aller Punkte von g und liegen die Pole aller durch g gehenden Ebenen (67.). Wenn also zwei Gerade in einer Ebene liegen, so gilt dasselbe von ihren Polaren; denn diese gehen beide durch den Pol jener Ebene. Die Pole paralleler Ebenen liegen (66.) auf einem Durchmesser, welcher die Ebenen rechtwinklig schneidet; die Polaren paralleler Geraden liegen folglich auf einer Durchmesser-Ebene, welche die Geraden rechtwinklig schneidet, und eine beliebige Gerade kreuzt ihre Polare rechtwinklig. Die Polare eines Durchmessers d liegt unendlich fern in den zu d normalen Ebenen, und der Pol einer Durchmesser-Ebene δ liegt unendlich fern in den zu δ normalen Geraden. Die beiden Punkte einer Geraden und ihrer Polare, welche dem Centrum C zunächst liegen, sind durch die reciproken Radien einander zugeordnet und liegen auf einem Durchmesser (vgl. 66.).

69. Ist die Potenz p der reciproken Radien negativ, so giebt es keinen auf seiner eigenen Polare liegenden Punkt und keine ihre Polare schneidende Gerade. Ist dagegen p positiv, so ist jeder Punkt der um das Centrum C mit dem Radius $\sqrt{p}$ beschriebenen Kugel sich selbst zugeordnet und liegt auf seiner Polare, und jede Tangente dieser Kugel schneidet ihre Polare rechtwinklig in dem gemeinschaftlichen Berührungspunkte. Wir bezeichnen in diesem Falle die Kugel als die „Ordnungskugel" des räumlichen Polarsystemes; jeder Punkt derselben ist der Pol seiner eigenen Berührungsebene. Durch den Pol einer Ebene, welche die Ordnungskugel schneidet, gehen die Berührungsebenen aller Schnittpunkte (67.); alle Punkte der Kugel, deren Berührungsebenen durch einen gegebenen Punkt gehen, liegen andererseits in der Polare des Punktes. Die Schnittlinie von zwei beliebigen Berührungsebenen der Kugel hat die Verbindungslinie der beiden Berüh-

rungspunkte zur Polare, und umgekehrt. Die Axen von je zwei orthogonalen Kreisbüscheln der Kugel sind demnach reciproke Polaren (64.); umgekehrt sind eine Gerade und ihre Polare allemal[32] die Axen von zwei orthogonalen Kreisbüscheln der Kugel. Das Centrum eines Kreisbündels der Kugel ist der Pol der Ebene, welche den Orthogonalkreis des Bündels enthält (60.). Das sphärische Polarsystem ist durch seine Ordnungskugel ebenso wie diese durch das Polarsystem völlig bestimmt. Ein Punkt und seine Polare heissen deshalb auch Pol und Polare „bezüglich dieser Kugel", und ebenso nennt man eine Gerade und ihre Polare zwei „reciproke Polaren bezüglich der Kugel".

70. In der Polarebene eines Punktes A liegen die Polaren aller durch A gehenden Geraden (68.); zwei Berührungsebenen der Ordnungskugel schneiden sich demnach in der Polare von A, wenn ihre Berührungspunkte mit A in einer Geraden liegen. Zwei sich schneidende Gerade, welche die Ordnungskugel in zwei Punkten einer durch A gehenden Secante berühren, schneiden sich folglich in einem Punkte der Polare von A. Hat die Kugel mit einer Kegelfläche, deren Mittelpunkt A ist, zwei Kreise gemein, so schneiden sich die Ebenen dieser Kreise in der Polare von A; denn der Schnittpunkt von je zwei in einer Berührungsebene des Kegels enthaltenen Tangenten der beiden Kreise liegt in der Polare von A und zugleich in den beiden Kreisebenen. Wir können den einen Kreis durch drei beliebige Punkte P, Q, R der Kugel legen, der andere geht dann (27.) durch die Punkte P', Q', R', in welchen die Kugel von den Secanten $\overline{AP}$, $\overline{AQ}$, $\overline{AR}$ zum zweiten Male geschnitten wird; in der Polare von A schneiden sich alsdann nicht blos die Ebenen PQR und $P'Q'R'$, sondern ebenso PQR' und $P'Q'R$, $PQ'R$ und $P'QR'$, sowie $P'QR$ und $PQ'R'$.

71. Bringt man also irgend zwei durch A gehende Secanten mit der Kugel zum Durchschnitt in den Punktenpaaren P, P' und Q, Q', so schneiden sich die Geraden $\overline{PQ}$ und $\overline{P'Q'}$, ebenso aber $\overline{PQ'}$ und $\overline{P'Q}$ auf der Polare von A. Von den Mittelpunkten der beiden Kegelflächen, durch welche zwei beliebig auf der Kugel angenommene Kreise verbunden werden können (27.), liegt deshalb jeder in der Polare des anderen, und die Verbindungslinie beider hat die Schnittlinie der beiden Kreisebenen zur Polare.

72. Wir nennen „conjugirt" zwei Punkte, von denen jeder in der Polare des anderen liegt, ebenso zwei Ebenen, von denen jede durch den Pol der anderen geht, und zwei Gerade, von denen jede die Polare der anderen schneidet (67., 68.). Ein Punkt und eine Gerade heissen conjugirt, wenn die Gerade in der Polare des Punktes, also auch dieser in der Polare der Gera-

den liegt. Eine Gerade und eine Ebene endlich heissen conjugirt, wenn die Gerade durch den Pol der Ebene und folglich die Ebene durch die Polare der Geraden geht. Einem beliebigen Punkte A sind hiernach alle in seiner Polarebene liegenden Punkte und Geraden conjugirt, einer Ebene alle durch ihren Pol gehenden Ebenen und Strahlen; einer Geraden dagegen sind alle Punkte und Ebenen ihrer Polare conjugirt, sowie alle Geraden, welche diese Polare schneiden oder ihr parallel sind. Wenn das Polarsystem eine Ordnungskugel hat, so sind alle Punkte, Tangenten und Berührungsebenen derselben sich selbst conjugirt; denn z. B. jede Berührungsebene geht durch ihren eigenen Pol, den Berührungspunkt. — Zwei Kreise der Ordnungskugel schneiden sich nur dann rechtwinklig, wenn ihre Ebenen conjugirt sind (60.).

73. Ist dem Punkte A durch die reciproken Radien der Punkt A' zugeordnet und in dem zugehörigen Polarsystem der Punkt B conjugirt, so liegt die Gerade $\overline{BA'}$ in der Polare von A und schneidet den Durchmesser $\overline{CAA'}$ rechtwinklig in A'. Diejenige Kugel, welche die Strecke AB zum Durchmesser hat, geht folglich auch durch A' und hat im Centrum C des Polarsystemes die Potenz $CA \cdot CA' = p$. Folglich bilden alle Kugeln, welche eine gegebene Gerade in je zwei conjugirten Punkten rechtwinklig schneiden, einen Kugelbüschel, indem sie einerseits zu dem Kugelgebüsch vom Centrum C und der Potenz p gehören, anderseits zu dem Kugelbündel, von dessen Kugeln die Gerade rechtwinklig geschnitten wird (45). Nun wird aber ein Kugelbüschel von einer Geraden in einer involutorischen Punktreihe geschnitten (53.), wenn nicht die Gerade durch einen allen Kugeln des Büschels gemeinschaftlichen Punkt geht. Die Paare conjugirter Punkte einer jeden Geraden, welche die Ordnungskugel des Polarsystemes nicht berührt, bilden folglich eine involutorische Punktreihe. Die etwa vorhandenen Ordnungspunkte dieser Punktreihe liegen auf der Ordnungskugel des Polarsystemes (72.) und trennen je zwei conjugirte Punkte der Geraden harmonisch (31.). Zieht man also an eine Kugel aus einem Punkte A Secanten und bestimmt auf jeder Secante den Punkt, welcher von A durch die beiden Schnittpunkte harmonisch getrennt ist, so erhält man Punkte der Polarebene von A bezüglich der Kugel. — In einer Tangente der Ordnungskugel ist jeder Punkt dem Berührungspunkte conjugirt.

74. Weisen wir jedem Punkte A einer nicht sich selbst conjugirten Ebene die Gerade a zu, in welcher die Ebene von der Polare des Punktes A geschnitten wird, so erhalten wir ein „ebenes oder cyklisches Polarsystem". In demselben hat jeder Punkt A die Gerade a zur Polare, welche ihm in dem sphärischen Polarsysteme conjugirt ist, und ebenso hat jede Gerade den ihr conjugirten Punkt zum Pol. Zwei Punkte oder Gerade der Ebene sind in

dem ebenen Polarsysteme conjugirt, wenn sie in dem räumlichen conjugirt sind; und umgekehrt. Die Perpendikel, welche in der Ebene von den Punkten auf deren Polaren gefällt werden, schneiden[34] sich in einem Punkte C_1, dem „Centrum" des ebenen Polarsystemes; dieser Punkt ist der Fusspunkt des Perpendikels, welches von dem Centrum C des räumlichen Polarsystemes auf die Ebene gefällt werden kann. Wenn im ebenen Polarsysteme ein Punkt eine Gerade beschreibt, so dreht sich seine Polare um den Pol dieser Geraden (67.). Die etwaigen sich selbst conjugirten Punkte des ebenen Polarsystemes liegen auf einem Kreise, dem „Ordnungskreise"; derselbe liegt auf der Ordnungskugel des räumlichen Polarsystemes, und seine Tangenten sind die Polaren ihrer Berührungspunkte. Ein dem Ordnungskreise eingeschriebenes Viereck ist ein harmonisches Kreisviereck, wenn seine Diagonalen conjugirt sind (31.).

75. Die Kugeln, welche die Strecken zwischen je zwei conjugirten Punkten des ebenen Polarsystemes zu Durchmessern haben, liegen in einem Kugelbündel; denn einerseits haben sie im Centrum C des räumlichen Polarsystemes die Potenz p (73.), anderseits liegen sie in dem symmetrischen Kugelgebüsch, in dessen Orthogonalebene das ebene Polarsystem enthalten ist. Das Perpendikel $\overline{CC_1}$ aus dem Centrum C auf diese Ebene ist die Axe des Kugelbündels. Ist a die Länge und wie oben C_1 der Fusspunkt dieses Perpendikels und bezeichnen wir mit r den Radius einer beliebigen Kugel des Bündels, mit d und d_1 die Abstände ihres Mittelpunktes von C und C_1, sowie mit p und p_1 ihre Potenz in resp. C und C_1, so ergiebt sich (2.):

$$p = d^2 - r^2 = a^2 + d_1^2 - r^2 \quad \text{und} \quad p_1 = d_1^2 - r_1^2,$$

woraus folgt:

$$p_1 = p - a^2.$$

Der Kreisbündel, in welchem der Kugelbündel von seiner Orthogonalebene geschnitten wird, hat demnach den Punkt C_1 zum Centrum und in ihm die Potenz $p_1 = p - a^2$. Durch reciproke Radien vom Centrum C_1 und der Potenz p_1 ist jedem Punkte in der Ebene sein ihm zunächst liegender conjugirter Punkt zugeordnet. Wenn also die Ebene sich selbst conjugirte Punkte enthält, so ist der Ort derselben ein Kreis vom Centrum C_1 und dem Halbmesser $\sqrt{p_1} = \sqrt{p - a^2}$; derselbe ist der Ordnungskreis des ebenen Polarsystemes.

§. 35.

Kugeln und Kreise mit reellem Centrum und rein imaginärem Halbmesser.

76. Durch reciproke Radien vom Centrum C und der Potenz p ist einerseits ein Kugelgebüsch, anderseits ein sphärisches Polarsystem bestimmt; und zwar ist die Kugel, welche um den Mittelpunkt C mit dem Radius $\sqrt{p}$ beschrieben wird, die Orthogonalkugel des Gebüsches (13.) und zugleich die Ordnungskugel des Polarsystemes (69.). Diese Kugel ist der Ort aller Punktkugeln des Gebüsches, aller sich selbst conjugirten Punkte und Ebenen des Polarsystemes und aller Punkte, welche durch die reciproken Radien sich selbst zugeordnet sind; durch sie sind die reciproken Radien, das räumliche Polarsystem und das Kugelgebüsch völlig bestimmt.

77. Wir wollen nun die Kugel als gegeben betrachten, wenn ihr Mittelpunkt C und die Potenz p der durch sie bestimmten reciproken Radien gegeben sind, und zwar auch dann, wenn p negativ und folglich der Halbmesser $\sqrt{p}$ rein imaginär ist. Freilich hat die Kugel in diesem Falle keine reellen Punkte, wohl aber sind das Kugelgebüsch, dessen Orthogonalkugel sie ist, und das zugehörige räumliche Polarsystem reell construirbar. Wir können, wenn p negativ ist, das Kugelgebüsch, das Polarsystem und die reciproken Radien als reelle Repräsentanten der Kugel vom Centrum C und dem imaginären Radius $\sqrt{p}$ auffassen. Die Einführung dieser imaginären Orthogonalkugeln reeller Kugelgebüsche gestattet uns, viele Definitionen und Sätze ganz allgemein auszusprechen, die sonst nur mit Einschränkungen gelten würden. So können wir von zwei Punkten, die in einem Kugelgebüsch einander zugeordnet sind, nunmehr sagen, sie seien einander „bezüglich einer Kugel", nämlich der Orthogonalkugel des Gebüsches, zugeordnet. Von conjugirten Punkten, Geraden und Ebenen im sphärischen Polarsysteme können wir ebenso sagen, sie seien conjugirt „bezüglich einer Kugel", nämlich bezüglich der Ordnungskugel des Polarsystemes; auch nennen wir einen beliebigen Punkt den Pol seiner Polarebene in Bezug auf dieselbe Kugel. Von zwei durch reciproke Radien einander zugeordneten Figuren, Linien oder Flächen endlich wollen wir sagen, sie seien einander zugeordnet oder invers „in Bezug auf die Kugelfläche", auf welcher alle sich selbst zugeordneten Punkte liegen.

78. In Uebereinstimmung mit Früherem (2.) setzen wir fest, dass eine Kugel vom Radius $\sqrt{p}$ in einem beliebigen Punkte A die Potenz $d^2 - p$ hat,

wenn d den Abstand des Punktes A vom Centrum der Kugel bezeichnet. Ist p negativ, so hat die Kugel in jedem Punkte des Raumes positive Potenz. — Jeder Punkt A des Raumes ist Mittelpunkt[36] einer Kugel, welche in dem gegebenen Punkte C die Potenz p hat; ist nämlich r der Radius dieser Kugel und d der Abstand von A und C, so haben wir für r die Gleichung:

$$p = d^2 - r^2, \quad \text{woraus} \quad r = \sqrt{d^2 - p}.$$

Der Radius r ist reell, wenn p negativ ist, oder positiv und kleiner als d^2 er wird nur dann imaginär, wenn p positiv und grösser als d^2 ist. — Die Mittelpunkte aller Kugeln eines Kugelgebüsches, welches keine Orthogonalebene hat, erfüllen demnach den ganzen unendlichen Raum. Ist die Potenz des Gebüsches negativ, so sind alle seine Kugeln reell; ist sie dagegen positiv, so haben nur diejenigen Kugeln des Gebüsches reelle Halbmesser, deren Mittelpunkte ausserhalb seiner Orthogonalkugel liegen. — Jeder Punkt A der Centralebene eines gewöhnlichen Kugelbündels oder der Centrale eines Kugelbüschels ist der Mittelpunkt einer Kugel desselben; nämlich alle Orthogonalkugeln des Bündels oder Büschels haben in A gleiche Potenz und die Quadratwurzel aus dieser Potenz ist der Radius jener Kugel.

79. Zwei Kugeln bestimmen auch dann, wenn einer oder jeder ihrer Radien imaginär ist, einen durch sie gehenden Kugelbüschel. Unmittelbar nämlich bestimmen sie als Orthogonalkugeln von zwei Kugelgebüschen einen Kugelbündel, in welchem diese beiden Gebüsche sich durchdringen; die Orthogonalkugeln dieses Bündels aber bilden den durch die beiden Kugeln gehenden Büschel (50.). Die Centralebene des Bündels, welche auf der Centrale des Büschels normal steht, ist die Potenzebene der beiden Kugeln, denn letztere haben in dem Centrum einer jeden Kugel des Bündels gleiche Potenz. Da demnach zwei beliebige Kugeln, auch wenn ihre Radien rein imaginär sind, eine ganz bestimmte Potenzebene haben, so bleiben die früheren Sätze (8., 9.), dass im Allgemeinen drei Kugeln eine Potenzaxe und vier Kugeln einen einzigen Potenzpunkt haben, nebst ihren Beweisen auch ferner gültig. Im Allgemeinen bestimmen folglich auch dann drei Kugeln einen durch sie gehenden Bündel und vier Kugeln ein sie enthaltendes Gebüsch, wenn sie alle oder zum Theil imaginäre Radien haben (vgl. 12., 47.).

80. Eine Punktkugel M bestimmt mit einer beliebigen, nicht durch M gehenden Kugel $\varkappa$ einen Kugelbüschel, welcher noch eine zweite Punktkugel N enthält (52.). Zu der Potenzebene des Büschels liegen die Punkte M und N symmetrisch (10.); ausserdem sind sie in Bezug auf die Kugel $\varkappa$ einander zugeordnet, weil die Potenz des Punktenpaares M, N im Centrum von $\varkappa$ gleich dem Quadrate des Radius von $\varkappa$ ist (52.). Da nun die Polarebene des

Punktes M in Bezug auf $\varkappa$ die Centrale $\overline{MN}$ in dem zugeordneten Punkte N rechtwinklig schneidet, so ergiebt sich der Satz: „Die Potenzebene, welche eine Punktkugel M mit einer beliebigen Kugel $\varkappa$ bestimmt, ist parallel zu der Polarebene des Punktes M in Bezug auf $\varkappa$ und halbirt das von M auf diese Polarebene gefällte Perpendikel". Alle Kugeln, in Bezug auf welche der Punkt M eine gegebene Ebene μ zur Polare hat, bilden einen Kugelbüschel, von welchem M und der Fusspunkt des von M auf μ gefällten Perpendikels die beiden Punktkugeln sind. Alle Kugeln, in Bezug auf welche dem Punkte M eine Gerade m oder ein Punkt M' conjugirt ist, bilden folglich einen Kugelbündel resp. ein Gebüsch; die Orthogonalkugel des letzteren geht durch M und M' und hat die Strecke MM' zum Durchmesser.

81. In der Ebene ist durch reciproke Radien vom Centrum C' und der Potenz p' einerseits ein Kreisbündel, anderseits ein ebenes Polarsystem bestimmt, und zwar ist der Kreis, welcher um den Mittelpunkt C' mit dem Radius $\sqrt{p'}$ beschrieben wird, der Orthogonalkreis des Bündels (60.) und zugleich der Ordnungskreis des Polarsystemes (74., 75.). Wir wollen diesen Kreis durch seine Ebene, seinen Mittelpunkt C' und die Potenz p' der reciproken Radien auch dann als gegeben betrachten, wenn p' negativ, also der Kreisradius $\sqrt{p'}$ imaginär ist. In diesem Falle sind die reciproken Radien in der Ebene, der ebene Kreisbündel und das ebene Polarsystem als reelle Repräsentanten des Kreises aufzufassen.

82. Eine Kugel vom Radius $\sqrt{p}$ hat mit einer Ebene, welche vom Centrum C der Kugel den Abstand a hat, einen Kreis vom Radius $\sqrt{p'} = \sqrt{p - a^2}$ gemein, welcher den Fusspunkt des von C auf die Ebene gefällten Perpendikels zum Mittelpunkt hat (75.). Zwei Kugeln haben allemal einen in ihrer Potenzebene liegenden Kreis mit einander gemein, dessen Centrum C' mit denjenigen der beiden Kugeln auf einer Geraden liegt. Denn die Potenzebene schneidet die Centrale der Kugeln rechtwinklig in C' und hat mit ihnen folglich zwei Kreise gemein, die C' zum Mittelpunkt haben; die Radien dieser Kreise sind $\sqrt{p - a^2}$ und $\sqrt{p_1 - a_1^2}$, wenn $\sqrt{p}$ und $\sqrt{p_1}$ die Radien der beiden Kugeln und a und a_1 die Abstände ihrer Mittelpunkte von der Potenzebene bezeichnen; weil aber die Kugeln im Punkte C' gleiche Potenz haben und folglich (78.)

$$a^2 - p = a_1^2 - p_1, \quad \text{also auch} \quad \sqrt{p - a^2} = \sqrt{p_1 - a_1^2}$$

ist, so haben jene beiden Kreise gleiche Radien und sind identisch. Es folgt aus dem soeben bewiesenen Satze, dass alle Kugeln eines Kugelbüschels einen Kreis mit einander gemein haben, welcher in der Potenzebene des

Büschels liegt; der Radius dieses Kreises ist entweder reell oder imaginär, das zu dem Kreise gehörige Polarsystem aber ist allemal reell.

---

§. 9.
Lineare Kugelsysteme.

83. Die Gesammtheit aller Kugeln, Kreise und Punktenpaare des Raumes bezeichnen wir mit dem Namen „Kugelsystem von vier Dimensionen oder vierter Stufe"; die Kugelbüschel, Kugelbündel und -Gebüsche dagegen wollen wir „lineare Kugelsysteme von ein, zwei resp. drei Dimensionen" oder „lineare Systeme erster, zweiter resp. dritter Stufe" nennen. Von anderen Kugelsystemen unterscheiden wir die eben genannten durch das Beiwort „linear"; denn während jene anderen den Curven und krummen Flächen vergleichbar sind, haben diese linearen Systeme grosse Analogie mit den geraden Linien, den Ebenen und dem räumlichen Punktsystem von drei Dimensionen. Wie eine Gerade durch zwei und eine Ebene durch drei beliebige Punkte bestimmt ist, so ist ein Kugelbüschel durch zwei, ein Kugelbündel durch drei und ein Kugelgebüsch durch vier beliebige Kugeln bestimmt (51., 47., 12.); und wie die drei eine Ebene bestimmenden Punkte nicht in einer Geraden liegen dürfen, so dürfen die drei einen Bündel bestimmenden Kugeln nicht in einem Kugelbüschel, und die vier ein Gebüsch bestimmenden Kugeln nicht in einem Bündel liegen.

84. Wie eine Ebene durch jede Gerade geht, mit welcher sie zwei Punkte gemein hat, so geht ein lineares Kugelsystem zweiter oder dritter Stufe durch jeden Kugelbüschel, mit welchem es zwei Kugeln gemein hat (51.), und ein Kugelgebüsch durch jeden Kugelbündel, von welchem es drei nicht in einem Büschel liegende Kugeln enthält (47.). Alle Geraden, welche einen Punkt mit den Punkten einer nicht durch ihn gehenden Geraden verbinden, liegen in einer Ebene; ebenso liegen alle Kugelbüschel, welche eine Kugel mit den verschiedenen Kugeln eines nicht durch sie gehenden Kugelbüschels oder -Bündels verbinden, in einem linearen System zweiter resp. dritter Stufe. Wie zwei sich schneidende Gerade durch eine Ebene, so können zwei Kugelbüschel, welche eine Kugel mit einander gemein haben, durch einen Kugelbündel verbunden werden.

85. Vier beliebige Kugelgebüsche haben allemal eine und im Allgemeinen nur eine Kugel mit einander gemein; ebenso zwei beliebige Kugelbündel, oder ein Kugelgebüsch und ein Kugelbüschel.[39] Die Orthogonalkugeln der vier Gebüsche haben nämlich einen Potenzpunkt P (79.); derselbe ist der Mittelpunkt, und die Potenz der vier Orthogonalkugeln in P ist das Quadrat des Radius jener gemeinschaftlichen Kugel. Dieser Radius ist nur dann imaginär, wenn die vier Orthogonalkugeln alle reell sind und ihren Potenzpunkt P einschliessen (78.). — Zwei Kugelbündel haben dieselbe Kugel mit einander gemein, wie zwei Paar in ihnen sich schneidende Kugelgebüsche; und ein Kugelgebüsch hat mit einem Kugelbüschel dieselbe Kugel gemein, wie mit drei in dem Büschel sich schneidenden anderen Gebüschen.

86. Wie zwei oder drei beliebige Ebenen sich in einer Geraden resp. einem Punkte schneiden, so durchdringen sich zwei, drei oder vier beliebige Kugelgebüsche in einem Kugelbündel, einem Kugelbüschel resp. einer Kugel. Zwei Kugelbündel, die in einem Gebüsche liegen, haben allemal einen Kugelbüschel mit einander gemein; in demselben wird das Gebüsch von zwei durch die beiden Bündel gelegten anderen Gebüschen geschnitten. Zwei in einem Bündel liegende Kugelbüschel haben allemal eine Kugel mit einander gemein; denn ein Kugelgebüsch, welches den Bündel in dem einen Büschel durchdringt, schneidet den anderen in jener gemeinschaftlichen Kugel (85.). Ebenso beweist man, dass ein Kugelbüschel und ein -Bündel allemal dann eine Kugel mit einander gemein haben, wenn sie durch ein Gebüsch verbunden werden können.

87. Wie die gerade Linie einfach, die Ebene zweifach und der Raum dreifach unendlich viele Punkte enthält, ebenso enthält der Kugelbüschel einfach, der Bündel zweifach und das Gebüsch dreifach unendlich viele Kugeln (78.). In einem Bündel gehen durch eine beliebige Kugel $\varkappa$ desselben einfach unendlich viele Kugelbüschel, von welchen jeder einfach unendlich viele Kugeln des Bündels enthält; man erhält dieselben (86.), wenn man $\varkappa$ mit jeder Kugel eines Büschels, der dem Bündel angehört, aber nicht durch $\varkappa$ geht, durch einen Kugelbüschel verbindet. Lässt man $\varkappa$ nach und nach mit allen Kugeln eines Büschels zusammenfallen, so ergiebt sich sofort, dass der Kugelbündel doppelt unendlich viele Kugelbüschel und folglich auch doppelt unendlich viele Kreise enthält.

88. In einem Kugelgebüsche gehen durch jede Kugel $\varkappa$ desselben doppelt unendlich viele Kugelbüschel und -Bündel; man erhält dieselben (86.), wenn man $\varkappa$ mit jeder Kugel und jedem Büschel eines Bündels, welcher nicht durch $\varkappa$ geht, aber dem Gebüsch angehört, durch einen Büschel resp. Bündel

verbindet. Das Gebüsch enthält, wie sich hieraus leicht ergiebt (vgl. 87.), dreifach unendlich viele Kugeln, vierfach unendlich viele Kugelbüschel und Kreise, und dreifach unendlich viele Kugelbündel und Punktenpaare.

89. Durch eine beliebige Kugel $\varkappa$ gehen dreifach unendlich viele Kugelbüschel, vierfach unendlich viele Bündel und dreifach unendlich viele Gebüsche; man erhält dieselben, wenn man $\varkappa$ mit jeder Kugel, jedem Büschel und jedem Bündel eines nicht durch $\varkappa$ gehenden Gebüsches durch einen Büschel, einen Bündel resp. ein Gebüsch verbindet (85., 86.). Das Kugelsystem vierter Stufe enthält demnach vierfach unendlich viele Kugeln und Kugelgebüsche, sechsfach unendlich viele Kugelbüschel und Kreise und sechsfach unendlich viele Kugelbündel und Punktenpaare. — Durch einen Bündel gehen einfach und durch einen Büschel doppelt unendlich viele Kugelgebüsche; durch einen Büschel gehen auch doppelt unendlich viele Bündel.

90. Die Gesammtheit aller Kreise und Punktenpaare einer Kugel oder Ebene nennen wir ein „lineares Kreissystem dritter Stufe", die Kreisbüschel und Kreisbündel dagegen bezeichnen wir als „lineare Kreissysteme erster resp. zweiter Stufe". Auch diese linearen Systeme sind den Geraden und Ebenen vergleichbar. Ein Kreisbüschel enthält einfach unendlich viele Kreise und ist durch zwei derselben bestimmt. Ein Kreisbündel enthält zweifach unendlich viele Kreise, Kreisbüschel und Punktenpaare; er ist bestimmt durch drei seiner Kreise, welche nicht in einem Büschel liegen. Das lineare Kreissystem dritter Stufe enthält dreifach unendlich viele Kreise und Kreisbündel und vierfach unendlich viele Punktenpaare und Kreisbüschel. Ein lineares Kugelsystem n^{ter} Stufe wird von jeder ihm nicht angehörigen Kugel in einem linearen Kreissystem n^{ter} Stufe geschnitten.

---

§. 10.
Reciproke und collineare Gebilde.

91. Construirt man in einem räumlichen Polarsysteme zu jedem Punkte und jeder Geraden eines beliebigen Gebildes Σ die Polare und zu jeder Ebene von Σ den Pol, so erhält man ein zu Σ „reciprokes" Gebilde Σ_1. Die beiden reciproken Gebilde Σ und Σ_1 sind auf einander „bezogen", und zwar so, dass jedem Punkte des einen eine Ebene des anderen, nämlich die Polare des

Punktes, entspricht, und jeder Geraden des einen eine Gerade des anderen. Wenn n Punkte des einen Gebildes in einer Geraden liegen, so gehen die n ihnen entsprechenden oder „homologen"[41] Ebenen des reciproken Gebildes durch die entsprechende Gerade; und wenn zwei Gerade des einen Gebildes sich schneiden, so liegen auch die entsprechenden Geraden des andern in einer Ebene (68.). Ist insbesondere das eine Gebilde ein ebenes, so liegt das andere in einem Strahlenbündel.

92. Man nennt nun überhaupt zwei Bäume Σ und Σ_1 „reciprok", wenn sie so auf einander bezogen sind, dass jedem Punkte von Σ eine Ebene von Σ_1 entspricht, und jeder Geraden oder Ebene, welche beliebige Punkte von Σ verbindet, eine Gerade resp. ein Punkt, durch welchen die entsprechenden Ebenen von Σ_1 gehen. Zwei Gebilde heissen reciprok, wenn sie in reciproken Räumen einander entsprechen. Die Beziehungen zwischen zwei reciproken Räumen Σ und Σ_1 sind wechselseitige; auch jedem Punkte von Σ_1 entspricht eine Ebene in Σ, und wenn ein Punkt in Σ_1 eine Gerade oder Ebene beschreibt, so dreht sich die ihm entsprechende Ebene in Σ um eine Gerade resp. einen Punkt.

93. Zwei reciproke Flächen sind so auf einander bezogen, dass den Punkten der einen die Berührungsebenen der anderen entsprechen, und den Berührungsebenen der ersteren die Punkte der letzteren. Ist also die eine Fläche „von der $n$ten Ordnung", d. h. hat sie mit einer nicht auf ihr liegenden Geraden im Allgemeinen und höchstens n Punkte gemein, so ist die andere „von der $n$ten Classe", d. h. durch eine ihr nicht angehörende Gerade gehen im Allgemeinen und höchstens n von ihren Berührungsebenen. Da beispielsweise eine Kugelfläche von der zweiten Ordnung und der zweiten Classe ist, so ist jede zu ihr reciproke Fläche von der zweiten Classe und der zweiten Ordnung.

94. Wenn zwei Räume oder räumliche Gebilde zu einem und demselben dritten reciprok sind, so sind sie auf einander „collinear" bezogen. Man nennt nämlich zwei Räume Σ und Σ_1 collinear, wenn jedem Punkte von Σ ein Punkt von Σ_1 entspricht, und jeder Geraden oder Ebene, welche beliebige Punkte von Σ verbindet, eine Gerade resp. Ebene, welche die entsprechenden oder „homologen" Punkte von Σ_1 enthält. Ebenso nennt man zwei Gebilde collinear, wenn sie in collinearen Räumen einander entsprechen. Die Aehnlichkeit, die Congruenz und die Symmetrie sind sehr specielle Fälle der Collineation. Zwei collineare Flächen sind von derselben Ordnung und auch von gleicher Classe; den Punkten und Berührungsebenen der einen entsprechen die Punkte resp. Berührungsebenen der anderen. Wenn von zwei

collinearen Curven die eine mit einer Ebene n Punkte gemein hat, so hat die andere mit der entsprechenden Ebene gleichfalls n Punkte, und zwar die homologen n, gemein; liegt die eine Curve^{42} in einer Ebene, so ist auch die andere eine ebene Curve.

95. Wenn der eine von zwei collinearen Räumen einem dritten Räume reciprok ist, so ist auch der andere diesem dritten reciprok. Denn jedem Punkte des dritten Raumes entspricht in dem ersten und dadurch auch in dem zweiten Räume eine Ebene; jede dieser beiden Ebenen aber dreht sich um eine Gerade oder einen Punkt, wenn der entsprechende Punkt im dritten Raume eine Gerade resp. eine Ebene beschreibt. — Wenn von zwei collinearen oder insbesondere ähnlichen Gebilden das eine einem dritten Gebilde reciprok ist, so gilt dasselbe auch von dem anderen. Wenn zwei Räume auf einen dritten collinear bezogen sind, so sind sie auch zu einander collinear.

96. Zwei collineare Räume durchdringen sich gegenseitig, und es kann deshalb vorkommen, dass einander entsprechende oder „homologe" Elemente derselben, d. h. homologe Punkte, Strahlen oder Ebenen, zusammenfallen. Von jedem mit seinem entsprechenden identischen Elemente der beiden Räume wollen wir sagen, die collinearen Räume haben das Element „entsprechend gemein"; und dasselbe sagen wir von jedem Gebilde der beiden Räume, welches mit seinem entsprechenden zusammenfällt. Beispielsweise haben zwei ähnliche und ähnlich liegende Räume jede Gerade und jede Ebene entsprechend gemein, welche durch den Aehnlichkeitspunkt geht.

97. Zwei collineare Räume Σ und Σ_1 haben „perspective Lage" und heissen „perspectiv", wenn sie alle Punkte und Geraden einer Ebene ε, sowie alle Strahlen und Ebenen eines Punktes C entsprechend gemein haben. Mit dem Punkte C, dem „Collineationscentrum", liegen je zwei einander entsprechende Punkte der collinearen Räume in einer Geraden und je zwei homologe Gerade derselben in einer Ebene; dagegen auf der „Collineationsebene" ε schneiden sich je zwei homologe Strahlen oder Ebenen der beiden perspectiven Räume Σ und Σ_1, weil jeder Punkt von ε mit seinem entsprechenden zusammenfällt. Sind C und ε, sowie zwei beliebige einander entsprechende Elemente von Σ und Σ_1, z. B. zwei homologe Punkte A und A_1 gegeben, so kann man hiernach leicht zu jedem anderen Punkte B von Σ den entsprechenden Punkt B_1 von Σ_1 construiren; man bringe die Gerade $\overline{AB}$ im Punkte S zum Durchschnitt mit der Collineationsebene ε, dann ist B_1 der Schnittpunkt der beiden Geraden $\overline{SA_1}$ und $\overline{CB}$. Eben so leicht erhält man zu jeder durch B gelegten Geraden oder Ebene die entsprechende Gerade resp. Ebene; dieselbe geht nämlich durch B_1 und schneidet die erstere auf

ε. — Rückt die Collineationsebene in's Unendliche, so sind die perspectiven Räume ähnlich und ähnlich liegend, und das Collineationscentrum C ist ihr Aehnlichkeitspunkt. [43]

98. Man kann auch Ebenen collinear oder reciprok auf einander beziehen. Collineare Ebenen sind homologe Gebilde von collinearen Räumen; sie liegen perspectiv, wenn die collinearen Räume perspective Lage haben. Construirt man in einem ebenen Polarsysteme zu jedem Punkte eines darin angenommenen Gebildes Σ die Polare und zu jeder Geraden von Σ den Pol, so erhält man ein zu Σ reciprokes ebenes Gebilde Σ_1, und auch jedes zu Σ collineare Gebilde ist zu Σ_1 reciprok. Sind zwei Ebenen auf irgend eine Weise reciprok auf einander bezogen, so entspricht jedem Punkte der einen eine Gerade der anderen, und jeder Geraden, welche zwei oder mehrere Punkte der einen Ebene verbindet, entspricht ein Punkt, durch welchen die entsprechenden Geraden der anderen Ebene gehen. Zwei Ebenen sind auf einander collinear bezogen, wenn sie zu einer und derselben dritten reciprok sind.

---

§. 11.
Collineare und reciproke Gebilde in Bezug auf ein Kugelgebüsch.

99. Die Potenzebenen, welche eine beliebige Kugel $\varkappa$ mit allen Kugeln eines nicht durch $\varkappa$ gehenden Kugelbüschels bestimmt, bilden einen Ebenenbüschel; sie gehen nämlich durch die Axe a des Kugelbündels, welcher den Kugelbüschel mit $\varkappa$ verbindet. Jede durch a gehende Ebene ist die Potenzebene von $\varkappa$ und einer bestimmten Kugel des Büschels (86., 51.); der Mittelpunkt dieser Kugel liegt mit demjenigen von $\varkappa$ auf einer zu der Ebene normalen Geraden und ist in der Centrale des Büschels leicht zu construiren. Die Axe a liegt in der Potenzebene des Kugelbüschels, kreuzt also dessen Centrale rechtwinklig; denn durch die Axe eines Kugelbündels gehen die Potenzebenen aller in dem Bündel enthaltenen Kugelbüschel. Die Axe a rückt in's Unendliche, wenn der Mittelpunkt von $\varkappa$ auf der Centrale des Kugelbüschels liegt oder wenn der Büschel aus concentrischen Kugeln besteht (8.).

100. Die Potenzebenen und Potenzaxen, welche eine Kugel $\varkappa$ mit allen Kugeln und Kreisen eines nicht durch $\varkappa$ gehenden Kugelbündels bestimmt, bilden einen Ebenen- oder Strahlenbündel;[44] sie gehen nämlich durch den Potenz- oder Mittelpunkt C desjenigen Gebüsches, welches den Kugelbündel mit $\varkappa$ verbindet. Man überzeugt sich ohne Schwierigkeit (86.), dass jede durch C gehende Ebene zu jenen Potenzebenen gehört. Das Centrum C liegt in der Axe des Kugelbündels. — Zu den Potenzebenen, welche eine Kugel $\varkappa$ mit allen Kugeln eines nicht durch $\varkappa$ gehenden Gebüsches bestimmt, gehört jede Ebene ε des Raumes; denn der Kugelbüschel, welcher $\varkappa$ mit ε verbindet, hat mit dem Gebüsch eine Kugel $\varkappa'$ gemein (85.), und ε ist die Potenzebene von $\varkappa$ und $\varkappa'$.

101. Die Potenzebenen, welche zwei beliebige Kugeln $\varkappa$ und $\varkappa_1$ mit den Kugeln eines nicht durch sie gehenden Gebüsches bestimmen, sind homologe Ebenen von zwei perspectiv liegenden collinearen Räumen; und zwar ist die Potenzebene der Kugeln $\varkappa$ und $\varkappa_1$ die Collineationsebene, und das Centrum des Gebüsches das Collineationscentrum dieser perspectiven Räume (vgl. 97.). Nämlich mit einer beliebigen Kugel γ des Gebüsches bestimmen $\varkappa$ und $\varkappa_1$ zwei einander entsprechende Potenzebenen, welche sich in der Potenzebene von $\varkappa$ und $\varkappa_1$ schneiden; wenn aber γ in dem Gebüsche einen Kugelbüschel oder -Bündel beschreibt, so beschreiben die beiden Potenzebenen zwei homologe Ebenenbüschel oder Ebenenbündel (99., 100.), deren Axen resp. Mittelpunkte mit dem Centrum des Gebüsches in einer Ebene oder Geraden liegen, nämlich in der Potenzebene des Kugelbüschels resp. in der Potenzaxe des Kugelbündels.

102. Der soeben bewiesene Satz gilt auch in dem besonderen Falle, wenn $\varkappa$ und $\varkappa_1$ zwei dem Gebüsche nicht angehörige Punktkugeln sind. Nun ist aber die Potenzebene, welche eine Punktkugel M mit der veränderlichen Kugel γ bestimmt, parallel zu der Polarebene des Punktes M in Bezug auf γ und halbirt das von M auf diese Polarebene gefällte Perpendikel (80.); diese Polar- und jene Potenzebene sind demnach homologe Ebenen von zwei ähnlichen und ähnlich liegenden Räumen, von welchen M der Aehnlichkeitspunkt ist. Auch die Polarebenen von zwei Punkten in Bezug auf die einzelnen Kugeln γ eines Gebüsches, dessen Orthogonalkugel durch keinen der beiden Punkte geht, sind folglich homologe Ebenen von zwei collinearen Bäumen, die aber nicht perspectiv liegen. — Wenn ein Punkt auf der Orthogonalkugel eines Gebüsches liegt, so gehen seine Polarebenen bezüglich aller Kugeln des Gebüsches durch den ihm diametral gegenüber liegenden Punkt der Orthogonalkugel; denn im Centrum des Gebüsches und dieser Orthogonalkugel schneiden sich die Potenzebenen, welche der Punkt als Punktkugel mit allen

übrigen Kugeln des Gebüsches bestimmt.

103. Weist man dem Mittelpunkte A einer veränderlichen Kugel γ die Potenzebene α zu, welche γ mit einer gegebenen Kugel $\varkappa$ bestimmt, so beschreiben A und α als homologe Elemente zwei reciproke Räume, wenn γ ein Kugelgebüsch beschreibt; doch darf dieses Gebüsch weder durch $\varkappa$ gehen noch symmetrisch sein. Wenn nämlich γ einen Kugelbüschel oder -Bündel des Gebüsches beschreibt, so durchläuft der Mittelpunkt A eine Gerade oder Ebene und zugleich dreht sich die Potenzebene α um eine Gerade resp. einen Punkt. — Ebenso erhält man homologe Elemente von zwei reciproken Räumen, wenn man der Polarebene eines beliebigen Punktes in Bezug auf die veränderliche Kugel γ des Gebüsches den Mittelpunkt von γ als entsprechenden Punkt zuweist (102.). — Die Potenzebenen einer Kugel $\varkappa$ und die Polarebenen eines Punktes M bezüglich aller Kugeln γ eines nicht durch $\varkappa$ oder M gehenden Kugelbündels sind homologe Ebenen von zwei collinearen Strahlenbündeln; die Ebene, in welcher die Mittelpunkte der Kugeln γ liegen, ist durch den Kugelbündel reciprok auf jene collinearen Strahlenbündel bezogen.

<hr />

§. 12.
Harmonische Kugeln und Kreise.

104. Vier Kugeln eines Kugelbüschels bestimmen entweder mit keiner oder mit jeder dem Büschel nicht angehörenden Kugel $\varkappa$ vier harmonische Potenzebenen, und sollen im letzteren Falle „vier harmonische Kugeln" heissen. Nämlich zwei Kugeln $\varkappa$ und $\varkappa_1$, die mit dem Büschel nicht in einem und demselben Kugelbündel liegen, bestimmen mit jeder Kugel des Büschels zwei Potenzebenen, welche auf der Potenzebene von $\varkappa$ und $\varkappa_1$ sich schneiden; diese letztere Potenzebene schneidet folglich die beiden Gruppen von je vier Potenzebenen, welche $\varkappa$ und $\varkappa_1$ mit irgend vier Kugeln des Büschels bestimmen, in den nämlichen vier Strahlen; und jenachdem diese Strahlen harmonisch sind oder nicht, bestehen jene beiden Gruppen aus je vier harmonischen Ebenen oder nicht (42.).

105. Vier harmonische Kugeln bestimmen mit einer beliebigen Kugel $\varkappa$ auch dann vier harmonische Potenzebenen, wenn $\varkappa$ eine Punktkugel M ist.

Nun sind aber die Polarebenen des Punktes M bezüglich der vier Kugeln jenen Potenzebenen parallel und schneiden sich wie diese in einer Geraden (102.). Auch die Polarebenen eines beliebigen Punktes M in Bezug auf vier harmonische Kugeln sind folglich vier harmonische Ebenen. Wenn die harmonischen Kugeln sich in M schneiden, so werden sie in diesem Punkte von vier harmonischen Ebenen berührt, nämlich von den Polarebenen des Punktes; sie verwandeln sich folglich durch reciproke Radien vom Centrum M in vier harmonische Ebenen, und haben mit jedem durch M gelegten Kreise ausser M noch vier harmonische Punkte gemein (33., 42.).

106. Einem beliebigen Punkte M sind in Bezug auf vier harmonische Kugeln vier harmonische Punkte einer durch M gehenden Kreislinie oder Geraden zugeordnet; und zwar (105.) einer Geraden, wenn M mit den Mittelpunkten der vier Kugeln in einer Geraden liegt. Fällt man nämlich aus dem Punkte M Perpendikel auf die Polarebenen von M bezüglich der vier harmonischen Kugeln, so sind die Fusspunkte dieser vier Perpendikel dem Punkte M zugeordnet in Bezug auf die Kugeln (66.) und liegen im Allgemeinen auf einem durch M und einen gemeinschaftlichen Punkt der vier Polarebenen gehenden Kreise, sind also (42.) vier harmonische Punkte. Eine Ausnahme tritt ein, wenn M auf den vier Kugeln liegt oder eine Punktkugel des durch sie gehenden Büschels ist. — Die vier Strahlen, welche den Punkt M mit seinen vier zugeordneten Punkten verbinden, sind harmonisch und gehen durch die Mittelpunkte der vier Kugeln. Die Mittelpunkte von vier harmonischen Kugeln, welche nicht concentrisch sind, bilden folglich eine gerade harmonische Punktreihe.

107. Vier Kugeln eines Kugelbüschels sind harmonisch, wenn bezüglich derselben irgend einem Punkte M vier harmonische Punkte oder vier harmonische Polarebenen zugeordnet sind, oder wenn ihre Mittelpunkte eine harmonische Punktreihe bilden; denn in jedem dieser Fälle bestimmen die vier Kugeln, wie man leicht einsieht, vier harmonische Potenzebenen mit der Punktkugel M. — Durch reciproke Radien verwandeln sich vier harmonische Kugeln wieder in vier harmonische Kugeln, die bei besonderer Lage des Centrums der Radien in harmonische Ebenen übergehen (105.). Sie verwandeln sich nämlich in vier Kugeln eines Büschels (54.), und die vier harmonischen Punkte, welche in Bezug auf sie irgend einem Punkte M zugeordnet sind, verwandeln sich in vier harmonische Punkte, welche in Bezug auf die anderen vier Kugeln einem Punkte M' zugeordnet sind. — Durch drei Kugeln eines Kugelbüschels ist die vierte harmonische bestimmt.

108. Die vier Kreise, welche vier harmonische Kugeln mit einer belie-

bigen Kugel oder Ebene gemein haben, sollen „vier harmonische Kreise" heissen; sie liegen in einem Kreisbüschel und ihre Ebenen bilden, wenn sie nicht zusammenfallen, einen harmonischen[47] Ebenenbüschel (104.). Die vier Potenzaxen, welche vier harmonische Kreise mit einer beliebigen Kugel bestimmen, sind vier harmonische Strahlen. Daraus folgt (vgl. 62.), dass die Kugeln, welche vier harmonische Kreise mit einem beliebigen Punkte verbinden, vier harmonische Kugeln sind. Durch reciproke Radien verwandeln sich vier harmonische Kreise in vier harmonische Kreise oder Gerade. In Bezug auf vier harmonische Kreise einer Ebene sind einem beliebigen Punkte der Ebene vier harmonische Punkte und zugleich vier harmonische Polaren zugeordnet (105., 106.). Harmonische Kreise, welche sich schneiden, werden in jedem ihrer beiden Schnittpunkte von vier harmonischen Strahlen berührt (105.).

---

§. 13.
Kugeln, die sich berühren. Aehnlichkeitspunkte von Kugeln.

109. Wenn zwei Kugeln oder eine Kugel und eine Ebene sich berühren, so reducirt ihr gemeinschaftlicher Kreis sich auf einen Punkt, ist also ein Punktkreis. Eine beliebige Kugel oder Ebene berührt demnach höchstens zwei Kugeln eines nicht durch sie gehenden Kugelbüschels; denn sie schneidet den Büschel in einem Kreisbüschel, welcher höchstens zwei Punktkreise enthält (62., 63.). Die Gesammtheit aller eine Kugel oder Ebene berührenden Kugeln kann deshalb als ein „quadratisches Kugelsystem dritter Stufe" bezeichnet werden.

110. Durch drei gegebene Punkte oder durch einen Kreis können höchstens zwei Kugeln gelegt werden, welche eine gegebene Kugel $\varkappa$ berühren. Um dieselben zu construiren, bringe man $\varkappa$ mit irgend zwei durch die Punkte gehenden Kugeln zum Durchschnitt, construire die Gerade g, welche die Ebenen der beiden Schnittkreise mit einander gemein haben, und lege durch g Berührungsebenen an $\varkappa$; die Kugeln, welche die drei Punkte mit den Berührungspunkten dieser Ebenen verbinden, sind die gesuchten. Die Construction wird unmöglich, wenn g und $\varkappa$ oder, was dasselbe ist, wenn der die drei Punkte verbindende Kreis und $\varkappa$ sich schneiden.

111. Alle Kugeln eines Gebüsches, welche eine dem Gebüsch nicht angehörende Kugel $\varkappa$ berühren, werden von noch einer Kugel $\varkappa_1$ berührt.
Nämlich durch die zu dem Gebüsch gehörigen reciproken Radien wird je-
de Kugel des Gebüsches in sich selbst, die Kugel $\varkappa$ aber in eine andere
$\varkappa_1$ transformirt, und der Punkt, in welchem $\varkappa$ von irgend einer Kugel γ
des Gebüsches berührt wird, verwandelt sich in den zugeordneten Punkt, in
welchem $\varkappa_1$ dieselbe Kugel γ berührt. Ist die Potenz des Gebüsches Null, so
reducirt sich die Kugel $\varkappa_1$ auf das Centrum des Gebüsches; ist anderseits das
Gebüsch ein symmetrisches, so liegen $\varkappa$ und $\varkappa_1$ zu der Orthogonalebene desselben symmetrisch und haben gleiche Radien. Von diesen beiden speciellen
Fällen abgesehen, haben $\varkappa$ und $\varkappa_1$ das Centrum des Gebüsches zum Aehnlichkeitspunkt, weil sie durch die zugehörigen reciproken Radien einander
zugeordnet sind (25.).

112. Bei der Lehre von den Kugeln, welche zwei oder mehrere gegebene
Kugeln berühren, spielen sonach die Aehnlichkeitspunkte der letzteren eine
Rolle, und es ist zweckmässig, zunächst über diese Aehnlichkeitspunkte das
Wichtigste anzuführen. Sind $\varkappa$ und $\varkappa_1$ zwei ähnliche und ähnlich liegende
Flächen, so liegen je zwei homologe Punkte derselben mit dem Aehnlichkeitspunkte in einer Geraden, und je zwei homologe Sehnen sind parallel
und stehen zu einander in constantem Verhältnisse (vgl. 24.). Sind insbe-
sondere $\varkappa$ und $\varkappa_1$ zwei Kugeln, so muss demnach jeder grössten Sehne von $\varkappa$
eine zu ihr parallele grösste Sehne von $\varkappa_1$ entsprechen, und die Endpunkte
paralleler Durchmesser von $\varkappa$ und $\varkappa_1$ sowie die Mittelpunkte der Kugeln
müssen homologe Punkte sein.

113. Zwei beliebige Kugeln $\varkappa$ und $\varkappa_1$ haben deshalb nur zwei Aehnlichkeitspunkte, und zwar liegen diese auf der Centrale der Kugeln, und durch
sie gehen die zwei Paar Geraden, welche die Endpunkte von zwei parallelen Durchmessern der Kugeln verbinden. Die Strecken, welche einer dieser
Aehnlichkeitspunkte mit den Mittelpunkten der beiden Kugeln begrenzt,
verhalten sich zu einander wie die Radien der Kugeln, und eben deshalb liegen die Endpunkte paralleler Radien allemal mit einem Aehnlichkeitspunkte
in einer Geraden.

114. Man unterscheidet bei zwei Kugeln den äusseren Aehnlichkeitspunkt
A und den inneren J. Der äussere A liegt mit den Endpunkten von je zwei
gleichgerichteten parallelen Radien der Kugeln in einer Geraden, und folglich
ausserhalb der Strecke, welche die Mittelpunkte der Kugeln begrenzt. Im
inneren Aehnlichkeitspunkte J dagegen schneiden sich die Geraden, welche
die Endpunkte von je zwei entgegengesetzt gerichteten parallelen Radien ver-

binden; er liegt zwischen den Mittelpunkten der beiden Kugeln und zwischen je zwei homologen Punkten derselben. Sind r und r_1 die Radien der Kugeln $\varkappa$ und $\varkappa_1$, so ist ihr Aehnlichkeitsverhältniss in Bezug auf den äusseren Aehnlichkeitspunkt $= r : r_1$ und in Bezug auf den inneren $= -r : r_1$; in diesem Verhältniss nämlich stehen mit Rücksicht auf ihren Sinn die Strecken zu einander, welche zwei homologe Punkte der Kugeln mit dem betreffenden Aehnlichkeitspunkte und mit anderen homologen Punkten bilden.

115. Eine gemeinschaftliche Berührungs-Ebene von zwei Kugeln geht entweder durch den äusseren A oder durch den inneren Aehnlichkeitspunkt J derselben (114.); im letzteren Falle liegt sie zwischen den beiden Kugeln. Wenn die Kugeln sich äusserlich berühren, so fällt J mit dem Berührungspunkte zusammen; wenn sie sich schneiden, so wird J von ihnen eingeschlossen, und wenn sie sich innerlich berühren, indem die eine von der anderen eingeschlossen wird, so fällt A mit dem Berührungspunkte zusammen. Umschliesst die eine Kugel die andere, so liegen beide Aehnlichkeitspunkte innerhalb der letzteren; sie vereinigen sich im Centrum, wenn die Kugeln concentrisch sind. Von zwei gleichen Kugeln liegt der äussere Aehnlichkeitspunkt unendlich fern, und halbirt der innere die Strecke zwischen den beiden Mittelpunkten. — Zwei in einer Ebene liegende Kreise haben dieselben zwei Aehnlichkeitspunkte wie die beiden Kugeln, von denen sie grösste Kreise sind.

116. Wenn zwei Kugeln $\varkappa$ und $\varkappa_1$ von einer dritten γ rechtwinklig geschnitten werden, so fallen ihre Aehnlichkeitspunkte zusammen mit den Mittelpunkten der beiden Kegelflächen, durch welche (27.) die zwei Schnittkreise k und k_1 verbunden werden können. Verwandelt man nämlich die Kugel $\varkappa$ durch reciproke Radien, welche den Mittelpunkt von einer dieser Kegelflächen zum Centrum haben und die Kugel γ in sich selbst transformiren, so erhält man eine Kugel, welche im Kreise k_1 die Kugel γ rechtwinklig schneidet und deshalb mit $\varkappa_1$ identisch ist; jener Mittelpunkt ist folglich (25.) ein Aehnlichkeitspunkt von $\varkappa$ und $\varkappa_1$. Zugleich ergiebt sich der Satz: Zwei Kugeln können durch reciproke Radien, deren Centrum C ihr äusserer oder innerer Aehnlichkeitspunkt ist, in einander transformirt werden, vorausgesetzt dass sie sich nicht in C berühren. Die beiden Kugeln, in Bezug auf welche demnach zwei gegebene Kugeln $\varkappa$ und $\varkappa_1$ einander zugeordnet sind (77.) und deren Mittelpunkte mit den Aehnlichkeitspunkten von $\varkappa_1$ und $\varkappa_1$ zusammenfallen, liegen übrigens in dem durch $\varkappa$ und $\varkappa_1$ gehenden Kugelbüschel, weil sie alle Orthogonalkugeln desselben rechtwinklig schneiden; sie halbiren, wenn $\varkappa$ und $\varkappa_1$ sich schneiden, die von diesen Kugeln gebildeten Winkel.

117. Wir wollen sagen, auf den Kugeln $\varkappa$ und $\varkappa_1$ liegen zwei Punkte P und P' „invers bezüglich des Aehnlichkeitspunktes C", wenn sie mit C in einer Geraden liegen, ohne sich zu entsprechen. Alle Paare von solchen inversen Punkten haben in C gleiche Potenz (116.) und sind Punktenpaare eines Kugelgebüsches, welchem alle zu $\varkappa$ und $\varkappa_1$ rechtwinkligen Kugeln angehören. Es können deshalb zwei Paare inverser Punkte allemal durch einen Kreis und drei Paare durch eine Kugel dieses Gebüsches verbunden werden (15.); jede solche Kreislinie oder Kugel des Gebüsches aber schneidet die Kugeln $\varkappa$ und $\varkappa_1$ unter gleichen Winkeln (22.), weil sie durch die zum Gebüsche gehörigen reciproken Radien in sich selbst, zugleich aber $\varkappa$ in $\varkappa_1$ übergeht. Die Kugeln $\varkappa$ und $\varkappa_1$ werden in je zwei invers liegenden Punkten von einer dritten Kugel berührt und von unendlich vielen anderen unter gleichen Winkeln geschnitten.

118. Wenn zwei Kugeln $\varkappa$ und $\varkappa_1$ von einer dritten berührt werden, so liegen die beiden Berührungspunkte P und P mit einem Aehnlichkeitspunkte von $\varkappa$ und $\varkappa_1$ in einer Geraden und bezüglich desselben invers. Denn alle Kugeln, welche $\varkappa$ in P berühren, bilden einen Kugelbüschel, und es können deshalb nur zwei von ihnen zugleich die Kugel $\varkappa_1$ berühren (109.); die Berührungspunkte dieser beiden Kugeln aber liegen invers zu P in Bezug auf die Aehnlichkeitspunkte von $\varkappa$ und $\varkappa_1$ (117.). — Wenn zwei Kugeln $\varkappa$ und $\varkappa_1$ von einer dritten γ unter gleichen Winkeln geschnitten werden, so liegen die beiden Schnittkreise k und k_1 invers bezüglich eines Aehnlichkeitspunktes von $\varkappa$ und $\varkappa_1$ und letzterer ist der Mittelpunkt von einer der beiden durch k und k_1 gehenden Kegelflächen. Nämlich durch reciproke Radien, welche die Mittelpunkte dieser beiden Kegelflächen zu Centren haben und die Kugel γ in sich selbst transformiren, verwandelt sich $\varkappa$ in zwei andere Kugeln, welche die Kugel γ im Kreise k_1 unter denselben Winkeln schneiden wie $\varkappa_1$ und von welchen folglich die eine mit $\varkappa_1$ zusammenfällt (vgl. 116.). Alle Kugeln, welche zwei gegebene Kugeln unter gleichen Winkeln schneiden oder auch berühren, gehören also zu zwei Kugelgebüschen, deren Centra die Aehnlichkeitspunkte der gegebenen Kugeln sind.

119. Drei Kugeln bestimmen paarweise sechs Aehnlichkeitspunkte, nämlich drei äussere und drei innere; dieselben liegen in der Central-Ebene der drei Kugeln, und zwar zu zweien auf den drei Centrallinien derselben. Die Endpunkte von irgend drei gleichgerichteten parallelen Radien der Kugeln liegen mit den drei äusseren Aehnlichkeitspunkten in einer Ebene (114.), und letztere liegen folglich in einer Geraden. Die Endpunkte von drei ungleich gerichteten, parallelen Radien dagegen liegen in einer Ebene, welche durch einen äusseren und zwei innere Aehnlichkeitspunkte geht; die beiden inneren

Aehnlichkeitspunkte, welche eine der Kugeln mit den beiden anderen Kugeln bestimmt, liegen folglich mit dem äusseren Aehnlichkeitspunkte dieser beiden letzteren in einer Geraden. Ueberhaupt liegen die sechs Aehnlichkeitspunkte der drei Kugeln zu dreien in vier Geraden, den vier „Aehnlichkeits-Axen" der Kugeln; sie bilden die Eckpunkte eines vollständigen Vierseits, dessen drei Diagonalen sich paarweise in den Mittelpunkten der drei Kugeln schneiden. Die vier Aehnlichkeits-Axen fallen zusammen, wenn die Mittelpunkte der drei Kugeln in einer Geraden liegen. — Drei Kreise einer Ebene haben dieselben sechs Aehnlichkeitspunkte wie die drei Kugeln, von welchen sie grösste Kreise sind.

120. Jede gemeinschaftliche Berührungs-Ebene von drei Kugeln geht durch eine Aehnlichkeits-Axe derselben (115.). Wenn drei Kugeln von einer vierten berührt werden, so gehen die Verbindungslinien der drei Berührungspunkte durch drei Aehnlichkeits-Punkte, und geht folglich ihre Ebene durch eine Aehnlichkeits-Axe der Kugeln (118.). Alle Kugeln, welche drei gegebene berühren oder unter gleichen Winkeln schneiden, gehören zu vier Kugelbündeln, deren Axen die Aehnlichkeits-Axen der drei gegebenen Kugeln sind (118.).

121. Vier Kugeln, deren Mittelpunkte nicht in einer Ebene liegen, bestimmen paarweise zwölf Aehnlichkeitspunkte; dieselben liegen zu sechsen in den vier Ebenen, welche die Mittelpunkte von je drei der vier Kugeln verbinden, und zu dreien in 16 Geraden (119.), den Aehnlichkeits-Axen. Die Endpunkte von vier parallelen Radien der Kugeln liegen zu zweien auf sechs Geraden, welche durch sechs Aehnlichkeitspunkte, und zu dreien in vier Ebenen, welche durch vier Aehnlichkeits-Axen der Kugel gehen; und zwar schneiden sich diese vier Aehnlichkeits-Axen in jenen sechs Aehnlichkeitspunkten und bilden mit ihnen zusammen ein vollständiges ebenes Vierseit. Je nachdem nun die vier parallelen Radien gleichgerichtet sind oder nicht, ergiebt sich daraus Folgendes. Die sechs äusseren Aehnlichkeitspunkte der vier Kugeln liegen in einer Ebene und zu dreien in vier Geraden. Die drei inneren Aehnlichkeitspunkte, welche drei von den Kugeln mit der vierten, und die drei äussern, welche sie mit einander bestimmen, liegen zusammen in einer Ebene und zu dreien in vier Geraden. Endlich die vier inneren Aehnlichkeitspunkte, welche zwei von den vier Kugeln mit den beiden anderen, und die beiden äussern, welche diese zwei Kugelpaare für sich bestimmen, liegen zusammen in einer Ebene und zu dreien in vier Aehnlichkeits-Axen.

122. Die zwölf Aehnlichkeitspunkte von vier beliebigen Kugeln liegen also (121.) zu dreien in sechzehn Geraden, den Aehnlichkeits-Axen, und zu

sechsen in zwölf Ebenen, welche je vier der 16 Geraden enthalten; vier von den zwölf Ebenen verbinden die Mittelpunkte der vier Kugeln, die übrigen acht mögen „Aehnlichkeits-Ebenen" der vier Kugeln genannt werden. Jede der 16 Aehnlichkeits-Axen geht durch drei von den zwölf Aehnlichkeitspunkten und liegt in drei von den 12 Ebenen. Und wie in jeder dieser 12 Ebenen sechs von den 12 Punkten und vier von den 16 Geraden liegen, ebenso gehen durch jeden von den 12 Punkten sechs von den 12 Ebenen und vier von den 16 Geraden. Ueberhaupt lehrt eine genauere Untersuchung, dass diese merkwürdige Configuration von 12 Punkten, 16 Geraden und 12 Ebenen sich selbst reciprok ist.

123. Wenn vier Kugeln, deren Mittelpunkte nicht in einer Ebene liegen, von einer fünften berührt werden, so liegen die vier Berührungspunkte zu zweien auf sechs Geraden, welche durch sechs Aehnlichkeitspunkte, und zu dreien in vier Ebenen, welche durch vier Aehnlichkeitsaxen der vier Kugeln gehen (118., 120.); diese sechs Aehnlichkeitspunkte und vier Axen liegen in einer Aehnlichkeits-Ebene der Kugeln (122.). Alle Kugeln, welche vier gegebene Kugeln berühren oder unter gleichen Winkeln schneiden, liegen in acht Kugelbüscheln, deren Potenz-Ebenen die acht Aehnlichkeits-Ebenen der vier Kugeln sind (118., 120.). Bestimmt man vier Punkte auf den vier Kugeln so, dass der eine von ihnen zu den drei anderen invers liegt in Bezug auf drei von den 12 Aehnlichkeitspunkten, so liegen diese vier Punkte auf einer zu jenen acht Büscheln gehörigen Kugel; und zwar gehört diese leicht construirbare Kugel zu demjenigen von den acht Kugelbüscheln, welcher die Ebene der drei Aehnlichkeitspunkte zur Potenz-Ebene hat.

124. Bringt man diese Ebene zum Durchschnitt mit den Ebenen der Kreise, welche die vier gegebenen Kugeln mit der fünften gemein haben, so erhält man die Axen der vier Kreisbüschel, in welchen die vier gegebenen Kugeln den einen der acht Kugelbüschel schneiden[14]). Die vier Kugeln werden im Allgemeinen und höchstens von zwei Kugeln des Kugelbüschels berührt, und zwar in denjenigen leicht construirbaren Punkten, deren Berührungs-Ebenen durch die Axen der vier Kreisbüschel gehen. Sonach giebt es im Allgemeinen und höchstens sechzehn Kugeln, welche vier gegebene Kugeln berühren; dieselben haben paarweise die acht Aehnlichkeits-Ebenen der vier Kugeln zu Potenz-Ebenen. — Fünf gegebene Kugeln werden im Allgemeinen und höchstens von sechzehn Kugeln unter gleichen Winkeln geschnitten; in jeder dieser sechzehn Kugeln durchdringen sich vier leicht angebbare Kugel-

---

[14]) Construirt man bezüglich der vier Kugeln die Polar-Ebenen ihres Potenzpunktes, so gehen auch diese Ebenen durch die Axen der vier Kreisbüschel; denn die Orthogonalkugel der vier gegebenen Kugeln gehört zu jedem der acht Kugelbüschel.

gebüsche, in welchen die erste der fünf gegebenen Kugeln den vier übrigen zugeordnet ist.

---

§. 14.
Berührung und Schnitt von Kreisen auf einer Kugelfläche.

125. Zwei sich nicht berührende Kreise k, k_1 einer Kugel γ können durch zwei Kegelflächen verbunden werden (27.). Die Mittelpunkte dieser beiden Kegelflächen sind die Aehnlichkeitspunkte der beiden Kugeln, welche in k und k_1 rechtwinklig von γ geschnitten werden (116.); sie sind conjugirt in Bezug auf γ und liegen auf der Polare der Geraden, in welcher die Ebenen von k und k_1 sich schneiden (71.). Wir wollen sie die „Kegel-Centra" der Kreise k, k_1 nennen. Da sie mit den Polen der beiden Kreis-Ebenen bezüglich der Kugel γ in einer Geraden liegen, so können sie auch folgendermassen construirt werden. Man bringe die Kreise k, k_1 mit einer durch ihre beiden Pole gehenden Ebene zum Durchschnitt und verbinde die vier Schnittpunkte; dann liegen zwei von den sechs Verbindungslinien in den Ebenen von k und k_1, und die übrigen vier schneiden sich paarweise in den Kegelcentren von k und k_1. Nun liegt aber jeder zu k und k_1 rechtwinklige Kreis der Kugel γ mit jenen beiden Polen in einer Ebene (60., 72.). Von den Verbindungslinien der vier Punkte, welche die Kreise k und k_1 mit irgend einem sie rechtwinklig schneidenden Kreise gemein haben, gehen folglich je zwei durch die beiden Kegelcentra von k und k_1. — Wenn k und k_1 sich berühren, so fällt das eine ihrer Kegelcentren mit dem Berührungspunkte zusammen, und die zugehörige Kegelfläche zerfällt in die Ebenen von k und k_1.

126. Eine Ebene, welche durch ein Kegelcentrum der beiden Kreise k, k_1 geht und einen derselben berührt, berührt auch den anderen. Jeder die Kreise k und k_1 berührende Kreis liegt mit einem Kegelcentrum von k und k_1 in einer Ebene; die Verbindungslinie seiner beiden Berührungspunkte geht durch dieses Centrum (27.). Jedes Kegelcentrum von k und k_1 ist das Centrum reciproker Radien, durch welche diese beiden Kreise sich in einander verwandeln; doch darf jenes Centrum kein gemeinsamer Berührungspunkt von k und k_1 sein. Die durch k und k_1 gehende Kugel γ und jeder Kreis

derselben, welcher mit dem Kegelcentrum in einer Ebene liegt, wird durch die reciproken Radien in sich selbst verwandelt. Da nun die Winkel durch diese Transformation sich nicht ändern,[54] so ergiebt sich: Zwei Kreise k, k_1 einer Kugel γ werden von denjenigen Kugelkreisen, deren Ebenen durch die Kegelcentra von k und k_1 gehen, unter gleichen Winkeln geschnitten.

127. Wenn auf einer Kugel γ zwei Kreise k, k_1 von einem dritten l unter gleichen Winkeln geschnitten werden, so gehen durch eines oder jedes der beiden Kegelcentra von k und k_1 zwei von den Verbindungslinien der vier Schnittpunkte; und zwar durch jedes, wenn die Winkel rechte sind. Transformirt man nämlich den Kreis k durch zweierlei reciproke Radien, in deren Centren sich je zwei jener Verbindungslinien schneiden und welche den Kreis l in sich selbst verwandeln, so erhält man auf der Kugel γ zwei Kreise k' und k'', welche von l in denselben Punkten und unter denselben Winkeln geschnitten werden wie k_1. Es muss deshalb einer, oder, wenn die Winkel rechte sind, jeder dieser beiden Kreise mit k_1 identisch sein, woraus der Satz folgt (vgl. 118.). — Alle Kreise einer Kugel γ, welche zwei auf γ liegende Kreise k, k_1 unter gleichen Winkeln schneiden oder berühren, liegen demnach in zwei Kreisbündeln, deren Centra die beiden Kegelcentra von k und k_1 sind.

128. Die sechs Kegelcentra, welche drei Kreise einer Kugel γ paarweise bestimmen, liegen zu dreien in vier Geraden und bilden die sechs Eckpunkte eines vollständigen Vierseits; denn sie sind die Aehnlichkeitspunkte der drei Kugeln, welche in den drei Kreisen rechtwinklig von γ geschnitten werden (125., vgl. 119.). Die Ebene des Vierseits hat in Bezug auf γ den Schnittpunkt der drei Kreis-Ebenen zum Pol, weil die Pole von je zwei dieser Ebenen mit zwei von den sechs Kegelcentren in einer Geraden liegen (125.). Die vier Geraden, welche je drei der sechs Kegelcentra enthalten, nennen wir die „Kegel-Axen" der drei Kreise; wenn die Ebenen der drei Kreise sich in einer Geraden schneiden, so fallen ihre vier Kegelaxen zusammen mit der Polare dieser Geraden.

129. Alle Kreise einer Kugel γ, welche drei beliebig auf γ angenommene Kreise unter gleichen Winkeln schneiden oder berühren, liegen in vier Kreisbüscheln, deren Axen mit den vier Kegel-Axen der drei Kreise zusammenfallen (127.). Ein Kreis von γ, dessen Ebene durch eine dieser vier Kegel-Axen geht, schneidet entweder keinen der drei Kreise oder schneidet sie alle unter gleichen Winkeln (126.). Jede Ebene, welche durch eine der vier Kegel-Axen geht und einen der gegebenen Kreise berührt, muss sie alle drei berühren. Auf einer Kugel γ giebt es demnach im Allgemeinen

und höchstens acht Kreise, welche drei auf γ gegebene Kreise berühren; die Construction derselben liegt auf der Hand. — Ebenso giebt es im Allgemeinen und höchstens acht Kreise, welche vier beliebig auf γ angenommene Kreise unter gleichen Winkeln schneiden; die Ebenen derselben sind die acht Aehnlichkeits-Ebenen der vier Kugeln, welche in den vier Kreisen rechtwinklig von γ geschnitten werden (vgl. 122.). Der Beweis ergiebt sich leicht aus dem Vorhergehenden. — Die Construction aller Kreise, welche drei in der Ebene gegebene Kreise berühren oder vier Kreise der Ebene unter gleichen Winkeln schneiden, kann durch reciproke Radien auf die vorhergehenden Constructionen zurückgeführt werden.

———————

§. 15.
Die Dupin'sche Cyclide.

130. Eine einfach unendliche Schaar von Kugeln, welche durch stetige Bewegung einer veränderlichen Kugel beschrieben ist, wird im Allgemeinen von einer Fläche Φ eingehüllt, die eine Schaar von kreisförmigen Krümmungslinien besitzt. Nämlich jede Kugel der Schaar wird von Φ längs der Kreislinie berührt, welche sie mit der unmittelbar benachbarten Kugel der Schaar gemein hat; und weil die Normalen, welche in den Punkten dieser Linie auf Φ errichtet werden können, sich im Centrum der Kugel schneiden, so ist die Kreislinie eine Krümmungslinie[15]) von Φ. Wird die Fläche Φ durch reciproke Radien in eine andere Φ_1 transformirt, so gehen jene Krümmungslinien über in kreisförmige Krümmungslinien von Φ_1; denn Φ_1 umhüllt diejenige Schaar von Kugeln, in welche die von Φ eingehüllte Schaar sich verwandelt. Deshalb besitzen insbesondere diejenigen Flächen, welche durch reciproke Radien in Rotationsflächen verwandelt werden können, ebenso wie die letzteren eine Schaar von kreisförmigen Krümmungslinien.

131. Eine der merkwürdigsten unter diesen Flächen ist die von D u - p i n entdeckte „Cyclide". Dieselbe wird von einer veränderlichen Kugel γ

---

[15]) Jede Krümmungslinie einer Fläche hat die charakteristische Eigenschaft, dass die in ihren Punkten auf der Fläche errichteten Normalen eine abwickelbare Fläche bilden, dass also jede dieser Normalen die ihr unmittelbar benachbarte schneidet.

umhüllt, welche bei ihrer stetigen Bewegung drei gegebene Kugeln $\varkappa$, $\varkappa_1$, $\varkappa_2$ fortwährend berührt. Die Central-Ebene dieser drei Kugeln ist eine Symmetrie-Ebene der Cyclide, weil zu ihr die[56] Kugeln symmetrisch liegen. Wenn die drei Kugeln, welche übrigens nicht in einem Kugelbüschel liegen dürfen, eine gemeinschaftliche Centrale haben, so wird die Cyclide von einer um diese Centrale rotirenden Kugel γ umhüllt, und ist eine Rotations-Cyclide, deren Rotations-Axe die Centrale ist. Die Cyclide wird zu einem geraden Kegel oder Cylinder, wenn die gegebenen drei Kugeln $\varkappa$, $\varkappa_1$, $\varkappa_2$ in Ebenen ausarten.

132. Eine Dupin'sche Cyclide verwandelt sich durch reciproke Radien allemal in eine Dupin'sche Cyclide; denn die veränderliche Kugel γ, welche die drei Kugeln $\varkappa$, $\varkappa_1$, $\varkappa_2$ fortwährend berührt und die Cyclide umhüllt, verwandelt sich in eine veränderliche Kugel γ', welche die zugeordneten drei Kugeln $\varkappa$, $\varkappa_1$, $\varkappa_2$ beständig berührt, und folglich auch eine Dupin'sche Cyclide, die zugeordnete nämlich, umhüllt. Nun haben die drei Kugeln $\varkappa$, $\varkappa_1$, $\varkappa_2$ entweder einen gemeinschaftlichen Orthogonalkreis k oder sie schneiden sich in mindestens einem Punkte M (47., 48.). Im ersteren Falle verwandeln sie sich durch reciproke Radien, deren Centrum beliebig auf k angenommen wird, in drei andere Kugeln, deren Mittelpunkte in einer Geraden liegen; die von der veränderlichen Kugel γ beschriebene Cyclide verwandelt sich folglich in eine Rotations-Cyclide (131.). Im zweiten Falle werden die Kugeln $\varkappa$, $\varkappa_1$, $\varkappa_2$ durch reciproke Radien vom Centrum M in drei Ebenen transformirt, und die Cyclide verwandelt sich in einen geraden Kegel oder Cylinder. Letzterer kann als ein Specialfall der Rotations-Cyclide aufgefasst werden, weil er von einer um die Axe rotirenden Ebene umhüllt wird.

133. Jede Dupin'sche Cyclide kann also durch reciproke Radien, deren Centrum passend gewählt wird, in eine Rotations-Cyclide verwandelt werden; sie hat deshalb folgende, für die Rotations-Cyclide evidente Eigenschaften. Die Dupin'sche Cyclide wird von zwei verschiedenen Kugelschaaren umhüllt und besitzt zwei Schaaren kreisförmiger Krümmungslinien, in welchen sie von den Kugeln der beiden Kugelschaaren berührt wird. Jede Kugel der einen Schaar berührt alle Kugeln der anderen Schaar in den Punkten einer kreisförmigen Krümmungslinie. Mindestens eine der beiden Kugelschaaren hat einen Orthogonalkreis, welcher alle ihre Kugeln rechtwinklig schneidet; derselbe entspricht der Axe der Rotations-Cyclide. Die Cyclide wird durch reciproke Radien, deren Centrum irgendwo auf diesem Orthogonalkreise angenommen wird, allemal in eine Rotations-Cyclide verwandelt. Zwei Krümmungslinien der Cyclide können durch eine Kugel verbunden werden, wenn sie zu derselben Schaar gehören; im anderen Falle schneiden sie

sich in einem Punkte rechtwinklig. In jedem Punkte der Cyclide schneiden sich zwei Krümmungslinien der beiden Schaaren rechtwinklig. Jede durch eine Krümmungslinie gehende Kugel oder Ebene hat mit der Cyclide noch[57] eine zweite Krümmungslinie von derselben Schaar gemein; dieselbe fällt nur dann mit der ersteren zusammen, wenn die Cyclide von der Kugel berührt wird.

134. Wie die Rotations-Cyclide so hat auch jede andere Dupin'sche Cyclide entweder keinen Doppelpunkt, oder zwei „Knotenpunkte", in welchen alle Krümmungslinien der einen Schaar sich schneiden, oder einen „Cuspidalpunkt", in welchem dieselben sich berühren. Von diesen drei Hauptarten der Cyclide erhält man wesentlich verschiedene Formen, wenn man die zugehörige Rotations-Cyclide transformirt durch reciproke Radien, deren Centrum einmal ausserhalb, einmal auf und einmal innerhalb der Rotations-Cyclide angenommen wird. Die zweite und dritte Hauptart können durch reciproke Radien auf einem geraden Kegel oder Cylinder conform abgebildet werden (132.). In jedem Knotenpunkte der zweiten Hauptart werden die durch ihn gehenden Krümmungslinien der Cyclide von den Strahlen eines Rotations-Kegels berührt. Wenn eine Cyclide sich in das Unendliche erstreckt, was nach dem Vorhergehenden bei jeder der drei Hauptarten eintreten kann, so besitzt sie zwei gerade Krümmungslinien, die sich rechtwinklig kreuzen; durch dieselben gehen die Ebenen aller übrigen Krümmungslinien (133.).

135. Die Krümmungslinien einer Rotations-Cyclide heissen Meridiane oder Parallelkreise, jenachdem ihre Ebenen durch die Rotations-Axe gehen oder auf ihr senkrecht stehen. Die Meridiane haben in jedem Punkte der Rotations-Axe gleiche Potenz, liegen also in einem Kugelbündel, dessen Axe die Rotations-Axe ist; die Parallelkreise dagegen gehören zu demjenigen Bündel, dessen Kugeln von der Rotations-Axe rechtwinklig geschnitten werden. Jeder dieser beiden Bündel geht durch die Orthogonalkugeln des anderen; denn die Orthogonalkugeln des zweiten Bündels reduciren sich auf die Ebenen der Meridiane, und diejenigen des ersteren gehen durch die Parallelkreise, indem sie alle Meridiane rechtwinklig schneiden. Durch einen beliebigen Punkt gehen zwei Kugeln, welche die Rotations-Cyclide in Kreisen berühren; diese Kreise sind zwei Meridiane, wenn der Punkt von der Cyclide einfach eingeschlossen ist, zwei Parallelkreise, wenn er garnicht oder zweifach von ihr umschlossen wird, dagegen ein Meridian und ein Parallelkreis, wenn er auf der Cyclide liegt. Aus diesen Sätzen ergeben sich die folgenden (vgl. 133. und 54.).

136. Alle Krümmungslinien der Dupin'schen Cyclide, welche zu der einen oder der anderen Schaar gehören, und alle durch sie gehenden Kugeln liegen in einem Kugelbündel; die Ebenen dieser[58] Krümmungslinien schneiden sich folglich in der Axe dieses Bündels. Mit den Kugeln des Bündels hat die Cyclide im Allgemeinen je zwei Krümmungslinien der Schaar gemein (vgl. 133.); denn wenn eine dieser Kugeln durch einen Punkt P der Cyclide geht, so enthält sie auch den durch P gehenden Kreis des Bündels (44.). Die Orthogonalkugeln des Bündels liegen mit den Krümmungslinien der zweiten Schaar in einem zweiten Kugelbündel, dessen Orthogonalkugeln wiederum in dem ersten Bündel liegen. Die Central-Ebene eines jeden der beiden Bündel steht auf der Axe desselben normal und geht durch die Axe des anderen Bündels; denn sie gehört zu den Orthogonalkugeln des ersteren Bündels; sie ist eine Symmetrie-Ebene dieses Bündels und folglich auch der Cyclide.

137. Die Dupin'sche Cyclide hat demnach zwei zu einander normale Symmetrie-Ebenen (vgl. 131.). Jede derselben schneidet eine der beiden Schaaren von Krümmungslinien und deren Potenz-Axe rechtwinklig, und geht durch zwei Krümmungslinien und die Potenz-Axe der anderen Schaar. Durch eine der beiden Potenz-Axen gehen zwei singuläre Berührungs-Ebenen, welche die Cyclide längs zwei Kreisen berühren (135.); wenn aber die Cyclide sich in das Unendliche erstreckt (vgl. 134.), so wird sie in jeder der beiden Potenz-Axen von einer singulären Ebene berührt. Verbindet man die Krümmungslinien der einen oder der anderen Schaar mit einem beliebigen Punkte P durch Kugelflächen, so schneiden sich diese in einem Kreise des zugehörigen Kugelbündels (44.); die beiden durch P gehenden Kreise der zwei Kugelbündel aber schneiden sich rechtwinklig in P, weil jeder von ihnen auf einer Orthogonalkugel des anderen liegt.

138. Jede der beiden Kugelschaaren, welche eine Dupin'sche Cyclide umhüllen, kann durch eine veränderliche Kugel γ beschrieben werden, die bei ihrer stetigen Bewegung drei beliebige Kugeln $\varkappa$, $\varkappa_1$, $\varkappa_2$ der anderen Schaar fortwährend berührt. Bei dieser Bewegung aber gehen die Verbindungslinien der drei Berührungspunkte beständig durch drei Aehnlichkeitspunkte der Kugeln $\varkappa$, $\varkappa_1$, $\varkappa_2$ und ihre Ebene geht durch eine Aehnlichkeits-Axe derselben (120.). Die drei Berührungspunkte liegen auf der kreisförmigen Krümmungslinie, in welcher die bewegliche Kugel γ die Cyclide berührt (133.); jene Aehnlichkeits-Axe der Kugeln $\varkappa$, $\varkappa_1$, $\varkappa_2$ ist demnach die Potenz-Axe der von γ beschriebenen Kugelschaar (136.). Die Berührungspunkte beschreiben auf $\varkappa$, $\varkappa_1$ und $\varkappa_2$ drei Krümmungslinien der anderen Schaar; der Schnittpunkt ihrer drei Berührungsebenen ist Potenzpunkt von $\varkappa$, $\varkappa_1$, $\varkappa_2$ und γ, und beschreibt, indem γ sich bewegt, die Potenz-Axe von $\varkappa$, $\varkappa_1$ und

$\varkappa_2$. Construiert man also bezüglich irgend einer Kugel γ (oder $\varkappa$) der einen Schaar die Polare der Potenz-Axe dieser Schaar, so liegt diese Polare mit dem Kreise, in welchem die Cyclide von[59] der Kugel berührt wird, und mit der Potenz-Axe der anderen Schaar in einer Ebene.

139. Die Potenz-Axen der beiden eine Dupin'sche Cyclide umhüllenden Kugelschaaren haben demnach folgende Eigenschaften. Sie sind conjugirt bezüglich aller Kugeln der beiden Schaaren und kreuzen sich rechtwinklig (137.). Jede von ihnen ist die Potenz-Axe von je drei Kugeln der einen Schaar und zugleich Aehnlichkeits-Axe von je drei Kugeln der anderen. Durch jede der beiden Potenz-Axen gehen die Ebenen aller zu einer Schaar gehörigen Krümmungslinien; auf ihr liegen die Mittelpunkte aller Kegelflächen, welche die Cyclide in je einer Krümmungslinie der anderen Schaar berühren oder in je zwei solchen schneiden.

140. Um eine Kugel γ zu construiren, welche drei gegebene Kugeln $\varkappa$, $\varkappa_1$, $\varkappa_2$ berührt, suchen wir zunächst die Potenz-Axe und die vier Aehnlichkeits-Axen der drei Kugeln. Sodann bestimmen wir von einer dieser Aehnlichkeits-Axen die zu der Potenz-Axe parallelen Polaren in Bezug auf $\varkappa$, $\varkappa_1$ und $\varkappa_2$, verbinden diese Polaren mit der Potenz-Axe durch drei Ebenen und bringen letztere mit resp. $\varkappa$, $\varkappa_1$ und $\varkappa_2$ zum Durchschnitt. Sind die drei Schnittkreise reell, so geht durch jeden Punkt derselben eine die Kugeln $\varkappa$, $\varkappa_1$ und $\varkappa_2$ berührende Kugel γ; und zwar liegen die drei Berührungspunkte von γ auf jenen drei Kreisen, ihre Ebene geht durch die Aehnlichkeits-Axe und ihre Verbindungslinien gehen durch die drei auf derselben liegenden Aehnlichkeits-Punkte von $\varkappa$, $\varkappa_1$ und $\varkappa_2$. Die drei Berührungspunkte und damit zugleich die berührende Kugel γ sind hiernach leicht zu construiren.

141. Die Construction eines Kreises, welcher drei in einer Ebene gegebene Kreise k, k_1, k_2 berührt, wird auf die vorhergehende zurückgeführt, indem man die Kreise als grösste Kreise von drei Kugeln auffasst. Man construire also bezüglich der drei Kreise die Pole von einer ihrer vier Aehnlichkeits-Axen, verbinde diese Pole mit dem Potenzpunkt von k, k_1 und k_2, und bringe die drei Verbindungslinien mit den resp. drei Kreisen zum Durchschnitt. Die Schnittpunkte, wenn solche existiren, können zu dreien durch zwei Kreise verbunden werden, welche in ihnen die gegebenen drei Kreise berühren. Es giebt im Allgemeinen und höchstens acht Kreise, welche drei in der Ebene beliebig angenommene Kreise berühren.

142. Es giebt im Allgemeinen und höchstens sechzehn Kugeln, welche vier gegebene Kugeln $\varkappa$, $\varkappa_1$, $\varkappa_2$, $\varkappa_3$ berühren (vgl. 124.). Um zwei derselben zu construiren, suche man bezüglich der vier Kugeln die Pole von einer ihrer

acht Aehnlichkeits-Ebenen, verbinde diese vier Pole mit dem Potenzpunkte der Kugeln $\varkappa$, $\varkappa_1$, $\varkappa_2$, $\varkappa_3$ und bringe die vier Verbindungslinien mit den resp. vier Kugeln zum Durchschnitt. Wenn [60]Schnittpunkte existiren, so können dieselben zu vieren durch zwei Kugeln verbunden werden, welche in ihnen die vier gegebenen Kugeln berühren. Der Beweis dieser Construction bleibe als nützliche Uebung dem Leser überlassen (vgl. 124., 140.).

143. Im Allgemeinen giebt es vier Dupin'sche Cycliden, welche drei beliebig angenommene Kugeln $\varkappa$, $\varkappa_1$, $\varkappa_2$ einhüllen (140.); die vier Aehnlichkeits-Axen dieser Kugeln sind die zweiten Potenz-Axen der vier Cycliden. Doch kann je nach der Lage der drei Kugeln auch der Fall eintreten, dass weniger als vier oder auch gar keine Schaaren sie berührender Kugeln existiren. Wenn z. B. eine der drei Kugeln die zweite ein- und die dritte ausschliesst, so giebt es keine Kugel, welche sie alle drei berührt.

144. Alle Kugeln eines Kugelbündels, welche eine beliebige, nicht zu dem Bündel gehörige Kugel $\varkappa$ berühren, umhüllen eine Dupin'sche Cyclide. Denn sie werden nicht blos von $\varkappa$, sondern von unendlich vielen Kugeln $\varkappa_1$, $\varkappa_2$, … berührt, welche eine zweite die Cyclide einhüllende Kugelschaar bilden, und zwar erhält man eine dieser Kugeln $\varkappa_1, \varkappa_2, \ldots$, wenn man durch den Kugelbündel ein Gebüsch legt und durch die zu dem Gebüsche gehörigen reciproken Radien die Kugel $\varkappa$ transformirt (111.). Die Kugeln $\varkappa_1$, $\varkappa_2$, … der zweiten Schaar sind der Kugel $\varkappa$ zugeordnet in Bezug auf die Orthogonalkugeln des Bündels.

---

§. 16.
Lineare Kugelsysteme, die zu einander normal sind.

145. Ein Kugelbündel und der zu ihm gehörige Büschel orthogonaler Kugeln stehen in den folgenden Wechselbeziehungen zu einander. Alle Orthogonalkugeln des Bündels bilden den Büschel und alle Orthogonalkugeln des Büschels bilden den Bündel (50.). Jede Kugel von einem dieser beiden linearen Kugelsysteme ist die Orthogonalkugel eines durch das andere gehenden Gebüsches; und jedes Gebüsch, welches durch eines der beiden Systeme geht, hat eine in dem anderen liegende Orthogonalkugel. Mit anderen Worten: Wenn ein Kugelbüschel oder -Bündel durch die Orthogonalkugel eines

Gebüsches geht, so geht das letztere durch alle Orthogonalkugeln des ersteren; und umgekehrt. Weil aber ein Bündel der Schnitt von zwei Gebüschen ist, so ergiebt sich weiter: Wenn von zwei[61] Kugelbündeln der eine durch zwei und folglich durch alle Orthogonalkugeln des anderen geht, so geht der letztere durch alle Orthogonalkugeln des ersteren. Von zwei Kugelgebüschen geht entweder keines oder jedes durch die Orthogonalkugel des anderen; wenn nämlich das eine durch die Orthogonalkugel des anderen geht, so geht dieses durch alle Orthogonalkugeln eines seine Orthogonalkugel enthaltenden Bündels des ersteren Gebüsches und folglich auch durch die Orthogonalkugel dieses Gebüsches.

146. Wir können die vorhergehenden Sätze in dem folgenden Satze zusammenfassen: Von zwei linearen Kugelsystemen geht entweder keines oder jedes durch alle Orthogonalkugeln des anderen. In dem letzteren Falle, wenn also das eine und folglich jedes der beiden Systeme alle Orthogonalkugeln des anderen enthält, wollen wir diese linearen Kugelsysteme „zu einander normal" nennen. Zu einem Kugelgebüsche sind demnach normal alle durch seine Orthogonalkugel gehenden Kugelbüschel, Bündel und Gebüsche; durch jede andere Kugel geht ein bestimmter, zu dem Gebüsche normaler Kugelbüschel, und durch jeden die Orthogonalkugel nicht enthaltenden Büschel kann allemal ein zu dem Gebüsche normaler Kugelbündel gelegt werden. Ein Kugelbündel ist zu unendlich vielen anderen Kugelbündeln normal; dieselben durchdringen sich in den Orthogonalkugeln jenes Bündels, und durch jede andere Kugel des Raumes geht einer von ihnen. Zu einem Kugelbüschel sind unendlich viele Gebüsche normal; dieselben durchdringen sich in den Orthogonalkugeln des Büschels, und durch jede andere Kugel geht eines von ihnen.

147. Von zwei zu einander normalen Kugelbündeln gehen durch einen beliebigen Punkt des Raumes zwei sich rechtwinklig schneidende Kreise; durch jeden dieser beiden Kreise geht nämlich eine Orthogonalkugel des anderen (44., 146.). Die Central-Ebene des einen Bündels gehört zu den Orthogonalkugeln desselben; sie ist folglich eine Ebene des anderen Bündels und geht durch dessen Axe, während sie zu der Axe des ersteren Bündels normal ist. Die beiden Axen der zu einander normalen Bündel kreuzen sich demnach rechtwinklig, und ihre Central-Ebenen schneiden sich rechtwinklig; jede der beiden Axen liegt in einer der beiden Central-Ebenen und ist zu der anderen normal. Schneiden sich die Kugeln des einen Bündels in zwei Punkten, die (48.) auch zusammenfallen können, so hat der andere Bündel einen durch diese Punkte gehenden Orthogonalkreis; denn auf die beiden Punkte reduciren sich zwei Orthogonalkugeln des ersteren Bündels, sie sind also

Punktkugeln des letzteren. Wenn anderseits jeder der beiden Bündel einen Orthogonalkreis hat, so sind diese beiden Kreise zu einander orthogonal, weil jeder von ihnen die durch den anderen gehenden Kugeln rechtwinklig schneidet. In einem sehr speciellen Falle, den wir nicht weiter berücksichtigen wollen, reduciren sich die Orthogonalkreise beider Bündel auf einen Punkt, in welchem sich die Axen der Bündel rechtwinklig schneiden. — Die beiden, eine Dupin'sche Cyclide einhüllenden Kugelschaaren liegen in zwei zu einander normalen Kugelbündeln (136.).

148. Zwei zu einander normale lineare Kugelsysteme verwandeln sich durch reciproke Radien allemal wieder in zwei zu einander normale lineare Kugelsysteme (54.). Ueberhaupt bilden ja zwei sich schneidende Kugeln dieselben Winkel mit einander wie die beiden Kugeln oder Ebenen, in welche sie durch reciproke Radien übergehen (22.). Nimmt man das Centrum der reciproken Radien auf dem Orthogonalkreise des einen von zwei zu einander normalen Kugelbündeln an, so verwandeln sich diese Bündel in zwei andere zu einander normale Bündel, die eine besonders einfache gegenseitige Lage haben; nämlich die Axe des einen derselben enthält die Mittelpunkte aller Kugeln des anderen (54.), und durch Drehung um diese Axe ändern sich die Bündel nicht. Wenn insbesondere das Centrum der reciproken Radien mit einem Punkte zusammenfällt, durch welchen alle Kugeln des einen von den normalen Bündeln gehen, so verwandelt sich dieser Bündel in einen Bündel von Strahlen und Ebenen, der andere aber in einen Bündel von Kugeln und Kreisen, deren Mittelpunkte auf einem Strahle jenes Strahlenbündels liegen (147., 54.), und auch in diesem Falle ändern sich die beiden Bündel durch eine Drehung um diese Mittelpunktsgerade nicht.

149. Alle Kugeln eines Bündels B, welche eine beliebige Kugel $\varkappa$ unter einem gegebenen schiefen Winkel schneiden, bilden mit jeder sie schneidenden Kugel des durch $\varkappa$ gehenden und zu B normalen Bündels B_1 gleiche Winkel, und umhüllen im Allgemeinen eine Dupin'sche Cyclide, deren zweite Kugelschaar in dem Bündel B_1 liegt. Bei dem Beweise dieses Satzes dürfen wir annehmen, dass entweder die Axe a des Bündels B durch die Mittelpunkte aller Kugeln von B_1 geht, oder dass der Bündel B_1 ein Strahlenbündel ist und dass ein Strahl s desselben die Mittelpunkte aller Kugeln von B enthält; denn auf diese beiden Fälle lässt sich der allgemeine Fall durch reciproke Radien zurückführen (148., 147.). In dem ersteren Falle erhält man alle Kugeln des Bündels B, welche mit $\varkappa$ den gegebenen schiefen Winkel bilden, wenn man eine beliebige derselben um die Axe a rotiren lässt; jene Kugeln umhüllen eine Rotations-Cyclide, und die Richtigkeit des Satzes leuchtet ohne Weiteres ein. In dem zweiten Falle ist $\varkappa$ eine Ebene, welche

den Strahl s in dem Mittelpunkte M des Strahlenbündels B_1 schneidet, und man erhält alle jene Kugeln des Bündels B, wenn man das Centrum von einer derselben den Strahl s durchlaufen[63] und zugleich ihren Radius proportional mit dem Abstande des Centrums vom Punkte M sich ändern lässt. Auch in diesem zweiten Falle leuchtet die Richtigkeit des Satzes sofort ein; jene Kugeln aber umhüllen im Allgemeinen einen Rotationskegel mit der Axe s und dem Mittelpunkte M, welche nur dann nicht reell existirt, wenn der Punkt M von den Kugeln eingeschlossen wird oder auf denselben liegt.

150. Alle Kugeln eines Gebüsches Γ, welche eine beliebige Kugel $\varkappa$ unter einem gegebenen schiefen Winkel schneiden, bilden mit jeder sie schneidenden Kugel des durch $\varkappa$ gehenden und zu Γ normalen Büschels gleiche Winkel, und berühren im Allgemeinen zwei Kugeln dieses Büschels. Bei dem Beweise dieses Satzes unterscheiden wir zwei Fälle, jenachdem nämlich $\varkappa$ mit der Orthogonalkugel ω des Gebüsches einen Punkt gemein hat oder nicht. In dem ersteren Falle verwandeln wir $\varkappa$ und ω durch reciproke Radien in zwei Ebenen $\varkappa'$ und ω'; dann geht das Gebüsch über in ein zu ω' symmetrisches Gebüsch Γ'. Da nun die Radien aller Kugeln von Γ', welche die Ebene $\varkappa'$ unter dem gegebenen Winkel schneiden, proportional sind den Abständen ihrer Mittelpunkte von der Geraden $\overline{\varkappa'\omega'}$, so bilden diese Kugeln mit einer beliebig durch diese Schnittlinie von $\varkappa'$ und ω' gelegten Ebene gleiche Winkel, und berühren zwei durch $\overline{\varkappa'\omega'}$ gehende Ebenen, wenn sie mit $\overline{\varkappa'\omega'}$ keinen Punkt gemein haben. Für diesen ersten Fall ist damit der obige Satz bewiesen. — Wenn zweitens die Kugeln $\varkappa$ und ω keinen Punkt mit einander gemein haben, so enthält der durch sie gehende Kugelbüschel zwei Punktkugeln M, N. Durch reciproke Radien vom Centrum M verwandeln sich alsdann $\varkappa$ und ω in zwei concentrische Kugeln $\varkappa'$ und ω' (54.), und das Gebüsch wird in ein anderes transformirt, welches den Mittelpunkt von $\varkappa'$ und ω' zum Centrum hat. Alle Kugeln dieses neuen Gebüsches aber, welche $\varkappa'$ unter dem gegebenen Winkel schneiden, haben wie man leicht einsieht gleiche Radien, und der Ort ihrer Mittelpunkte ist eine mit $\varkappa'$ concentrische Kugel; sie berühren folglich zwei Kugeln und bilden gleiche Winkel mit jeder dritten sie schneidenden Kugel des durch $\varkappa'$ und ω' gehenden Büschels concentrischer Kugeln. Damit ist auch für diesen zweiten Fall, welcher insbesondere dann eintritt, wenn ω einen imaginären Halbmesser hat, der Satz bewiesen.

151. Die Kugeln eines Gebüsches, welche eine Kugel $\varkappa$ unter einem gegebenen Winkel schneiden, sind im Allgemeinen identisch mit denjenigen Kugeln des Gebüsches, welche eine gewisse andere Kugel λ berühren (150., vgl. 111.). Die Potenz-Ebenen, welche sie mit irgend zwei dem Gebüsche

nicht angehörenden Kugeln bestimmen, umhüllen zwei collineare Flächen (101.); die eine dieser Flächen aber fällt mit λ zusammen, wenn λ die eine jener beiden Kugeln ist, und die andere[64] Fläche ist folglich eine zu der Kugel λ collineare Fläche zweiter Ordnung und zweiter Classe (94.). Insbesondere umhüllen die Ebenen der Kreise, in welcher $\varkappa$ von jenen Kugeln unter dem gegebenen Winkel geschnitten wird, eine zu λ collineare Fläche zweiter Ordnung und zweiter Classe. Auch die Polar-Ebenen eines beliebigen Punktes in Bezug auf alle jene Kugeln umhüllen eine zu λ collineare Fläche (102.); die Mittelpunkte der Kugeln aber liegen auf einer zu λ reciproken Fläche zweiter Classe und zweiter Ordnung (103.), falls das Gebüsch kein symmetrisches ist. — Ein beliebiger dem Gebüsche angehörender Kugelbüschel enthält im Allgemeinen und höchstens zwei Kugeln, welche λ berühren (109.) und somit die Kugel $\varkappa$ unter dem gegebenen schiefen Winkel schneiden.

152. Weil die Kugeln eines Bündels, welche eine beliebige Kugel $\varkappa$ unter einem gegebenen schiefen Winkel schneiden, im Allgemeinen eine Dupin'sche Cyclide umhüllen (149.), so wollen wir ihre Gesammtheit eine „Dupin'sche Kugelschaar" nennen. Die Potenz-Ebenen, welche die Kugeln dieser Schaar mit beliebigen, dem Bündel nicht angehörenden Kugeln bestimmen, umhüllen zwei collineare Kegelflächen (100., 101.); diese Kegelflächen sind von der zweiten Ordnung und zweiten Classe, weil eine derselben ein Rotationskegel wird, wenn die eine der beiden Kugeln alle Kugeln der Schaar berührt. Auch die Polar-Ebenen eines beliebigen Punktes bezüglich aller Kugeln der Dupin'schen Schaar umhüllen eine Kegelfläche zweiter Ordnung und zweiter Classe; die Mittelpunkte jener Kugeln aber liegen im Allgemeinen auf einer Curve zweiter Ordnung, welche auf jene Kegelflächen reciprok bezogen ist.

---

§. 17.
Kugeln, die sich unter gegebenen Winkeln schneiden.

153. Alle Kugeln, welche eine Kugel $\varkappa$ unter einem gegebenen schiefen Winkel schneiden, bilden ein „quadratisches Kugelsystem dritter Stufe", d. h. ein beliebiger Kugelbüschel enthält im Allgemeinen und höchstens zwei derselben. Bei dem Beweise dieses Satzes dürfen wir annehmen, dass der

Büschel entweder aus concentrischen Kugeln bestehe oder aus Ebenen, die alle durch eine Gerade gehen; denn durch reciproke Radien kann der allgemeine Fall auf diese besonderen beiden Fälle[65] zurückgeführt werden (54.). In dem ersteren dieser Fälle sei M der Mittelpunkt der concentrischen Kugeln, C derjenige von $\varkappa$ und P ein beliebiger Punkt der Kugel $\varkappa$. Dann bildet $\varkappa$ mit der durch P gehenden Kugel des Büschels dieselben Winkel, wie der Radius CP mit der Geraden MP. Legt man also durch die Punkte C und M einen Kreis, dessen über dem Bogen CM stehenden Peripheriewinkel dem gegebenen Winkel w gleich sind, und bestimmt sodann die Schnittpunkte P, P' dieses Kreises und der Kugel $\varkappa$, so gehen durch P und P' die beiden einzigen Kugeln des Büschels, welche mit $\varkappa$ den Winkel w bilden; man erhält aber keine solche Schnittpunkte, wenn der Radius r von $\varkappa$ grösser als CM und $\sin w > CM : r$ ist. — In dem zweiten Falle legen wir durch das Centrum C der Kugel $\varkappa$ eine Ebene, welche die Ebenen des Büschels rechtwinklig schneidet, und bezeichnen mit M den gemeinschaftlichen Punkt der Schnittlinien, sowie mit P einen der Punkte, welchen die Ebene mit $\varkappa$ gemein hat. Die Kugel $\varkappa$ bildet dann mit der durch P gehenden Ebene des Büschels und mit der um M mit dem Radius MP beschriebenen Kugel zwei spitze Winkel, die sich zu einem rechten ergänzen; diejenigen zwei Lagen des Punktes P, für welche der erstere dieser Winkel einem gegebenen Winkel gleich wird, ergeben sich deshalb ebenso, wie im ersteren Falle.

154. Eine Kugel $\varkappa$ wird unter dem schiefen Winkel w auch von unendlich vielen Ebenen geschnitten; dieselben umhüllen eine mit $\varkappa$ concentrische Kugel. Transformirt man diese Ebenen durch reciproke Radien, deren Centrum irgend ein Punkt C ist und welche die Kugel $\varkappa$ in sich selbst verwandeln, so ergiebt sich: Alle durch einen Punkt C gehenden Kugeln, welche eine Kugel $\varkappa$ unter dem schiefen Winkel w schneiden, umhüllen eine andere Kugel λ. Dieser Satz ist in einem früheren (150.) enthalten; denn alle durch C gehenden Kugeln und Kreise bilden ein specielles Kugelgebüsch, und der Punkt C kann als eine von ihnen berührte Punktkugel aufgefasst werden.

155. Die Ebenen, welche zwei Kugeln $\varkappa$ und $\varkappa_1$ unter den respectiven schiefen Winkeln w und w_1 schneiden, umhüllen im Allgemeinen zwei Rotationskegel; denn sie sind die gemeinschaftlichen Berührungsebenen von zwei bestimmten, mit $\varkappa$ und $\varkappa_1$ concentrischen Kugeln (154.). Alle durch einen Punkt C gehenden Kugeln, welche mit den Kugeln $\varkappa$ und $\varkappa_1$ die resp. Winkel w und w_1 bilden, umhüllen im Allgemeinen zwei Dupin'sche Cycliden, von welchen C ein Knotenpunkt ist; denn durch reciproke Radien vom Centrum C verwandeln sie sich in die gemeinschaftlichen Berührungs-Ebenen von zwei anderen Kugeln, oder auch, wenn C auf $\varkappa$ oder $\varkappa_1$ liegt, in

diejenigen Berührungs-Ebenen einer Kugel, welche eine Ebene unter einem gegebenen schiefen Winkel schneiden. Die beiden Dupin'schen Cycliden sind allemal reell vorhanden, wenn C auf $\varkappa$ ^{66}oder $\varkappa_1$ liegt.

156. Das quadratische Kugelsystem dritter Stufe, dessen Kugeln mit einer Kugel $\varkappa$ einen gegebenen Winkel bilden, hat mit einem Gebüsche ein „quadratisches Kugelsystem zweiter Stufe" und mit einem Kugelbündel eine Dupin'sche Kugelschaar gemein (150., 152.). Von der Dupin'schen Kugelschaar liegen in einem beliebigen Kugelgebüsch im Allgemeinen und höchstens zwei Kugeln; denn das Gebüsch schneidet den die Schaar enthaltenden Bündel in einem Kugelbüschel, und dieser hat mit der Schaar dieselben Kugeln gemein wie mit dem quadratischen Kugelsystem dritter Stufe. Auf ähnliche Weise ergiebt sich, dass das quadratische Kugelsystem zweiter Stufe mit einem beliebigen Kugelbündel im Allgemeinen und höchstens zwei Kugeln, mit einem Gebüsche aber eine Dupin'sche Kugelschaar gemein hat. Insbesondere bilden alle durch einen Punkt C gehenden Kugeln des quadratischen Systemes zweiter Stufe eine Dupin'sche Kugelschaar, weil sie dem Gebüsche vom Centrum C und der Potenz Null angehören. Die Kugeln dieses quadratischen Systemes zweiter Stufe umhüllen im Allgemeinen zwei Kugeln (150.).

157. Die Kugeln γ, welche zwei Kugeln $\varkappa$ und $\varkappa_1$ beziehungsweise unter den schiefen Winkeln w und w_1 schneiden, bilden zwei quadratische Kugelsysteme zweiter Stufe; die beiden sie enthaltenden Kugelgebüsche sind normal zu dem durch $\varkappa$, und $\varkappa_1$ gehenden Kugelbüschel. Verbinden wir nämlich eine jener Kugeln γ mit dem Kugelbündel, von welchem $\varkappa$ und $\varkappa_1$ zwei Orthogonalkugeln sind, durch ein Gebüsch $\varGamma$, so ist dieses zu dem Büschel $\varkappa\varkappa_1$ normal; alle Kugeln von $\varGamma$, welche mit $\varkappa$ den Winkel w bilden, schneiden folglich $\varkappa_1$ unter demselben Winkel w_1, wie jene eine Kugel γ (150.), und bilden ein quadratisches Kugelsystem zweiter Stufe. Die sämmtlichen Kugeln γ aber bilden zwei solche Kugelsysteme und liegen in zwei verschiedenen Kugelgebüschen, weil diejenigen unter ihnen, welche durch irgend einen Punkt von $\varkappa$ gehen, nicht blos eine, sondern zwei Dupin'sche Kugelschaaren bilden (155., 156.).

158. Alle Kugeln, welche drei in keinem Büschel liegende Kugeln $\varkappa$, $\varkappa_1$, $\varkappa_2$ unter den resp. schiefen Winkeln w, w_1, w_2 schneiden, bilden im Allgemeinen vier Dupin'sche Kugelschaaren und liegen in vier Kugelbündeln, welche zu dem durch $\varkappa$, $\varkappa_1$, und $\varkappa_2$ gehenden Bündel normal sind. Sie liegen nämlich, weil sie $\varkappa$ und $\varkappa_1$ unter den Winkeln w und w_1 schneiden, in zwei zu dem Büschel $\varkappa\varkappa_1$ normalen Gebüschen (157.), und weil sie $\varkappa$ und

$\varkappa_1$ unter den Winkeln w und w_2 schneiden, in zwei zu dem Büschel $\varkappa\varkappa_2$ normalen Gebüschen; sie liegen folglich in den vier Kugelbündeln, welche die ersteren beiden Gebüsche mit den letzteren beiden gemein haben. Jeder dieser vier Bündel geht durch die gemeinschaftlichen Orthogonalkugeln der Büschel $\varkappa\varkappa_1$ und $\varkappa\varkappa_2$. und ist folglich zu dem Bündel $\varkappa \varkappa_1 \varkappa_2$ normal; alle seine Kugeln aber, welche die Kugel $\varkappa$ unter dem Winkel w schneiden, bilden eine Dupin'sche Kugelschaar (152.) und schneiden die Kugeln $\varkappa_1$ und $\varkappa_2$ unter dem resp. Winkeln w_1 und w_2. — Uebrigens ist es, wie wir schon für den Fall der Berührung, wenn $w = w_1 = w_2 = 0$ ist, hervorgehoben haben (143.), bei besonderer Lage der Kugeln $\varkappa$, $\varkappa_1$, $\varkappa_2$ möglich, dass weniger als vier oder dass garkeine Schaaren von Kugeln existiren, welche mit $\varkappa$, $\varkappa_1$ und $\varkappa_2$ die gegebenen Winkel bilden.

159. Vier in keinem Bündel liegende Kugeln $\varkappa$, $\varkappa_1$, $\varkappa_2$, $\varkappa_3$ werden im Allgemeinen und höchstens von sechzehn Kugeln unter den respectiven schiefen Winkeln w, w_1, w_2, w_3 geschnitten. Nämlich diese sechzehn Kugeln liegen, weil sie $\varkappa$, $\varkappa_1$, und $\varkappa_2$ unter den Winkeln w, w_1 und w_2 schneiden, in vier Dupin'schen Kugelschaaren, und zugleich, weil sie mit $\varkappa$ und $\varkappa_4$ die Winkel w und w_4 bilden, in zwei Kugelgebüschen; sie bilden also die acht Kugelpaare, welche diese beiden Gebüsche mit jenen vier Schaaren gemein haben (156.).

----

§. 18.
Kreise auf einer Kugel, die sich unter gegebenen Winkeln schneiden.

160. Die Geometrie der Kreise auf einer Kugel (oder Ebene) γ lässt sich zurückführen auf die Geometrie des Kugelgebüsches, von welchem γ die Orthogonalkugel ist. Insbesondere bilden zwei sich schneidende Kreise der Kugel γ mit einander dieselben Winkel, wie die beiden durch sie gehenden und zu γ rechtwinkligen Kugeln. Doch ziehen wir es vor, die nächstfolgenden Sätze direct, anstatt mit Hülfe des Gebüsches, zu beweisen.

161. Von zwei auf einer Kugel liegenden Kreisbündeln geht entweder keiner oder jeder durch den Orthogonalkreis des anderen; denn nur dann, wenn die Centra der beiden Bündel conjugirt sind bezüglich der Kugel, tritt der

letztere Fall ein (vgl. 69.). Wenn ein Kreisbündel und ein Kreisbüschel auf einer und derselben Kugel liegen, so geht entweder keiner oder jeder von ihnen durch alle Orthogonalkreise des anderen[68]; der letztere Fall tritt ein, wenn das Centrum des Bündels und die Axe des Büschels conjugirt sind in Bezug auf die Kugel (69., 72.). Wir wollen nun zwei Kreisbündel einer Kugel oder Ebene, und ebenso einen Kreisbündel und einen Kreisbüschel „zu einander normal" nennen, wenn der eine von ihnen durch jeden Orthogonalkreis des anderen geht.

162. Zwei solche zu einander normale Kreissysteme, mögen sie nun auf einer Kugel oder in einer Ebene liegen, verwandeln sich durch reciproke Radien allemal wieder in zwei zu einander normale Kreissysteme. Zu einem Kreisbüschel können einfach unendlich viele normale Kreisbündel construirt werden; dieselben durchdringen sich in den Orthogonalkreisen des Büschels, und durch jeden anderen Kreis ihres Trägers geht einer von ihnen. Zu einem Kreisbündel sind doppelt unendlich viele Kreisbüschel normal; dieselben haben den Orthogonalkreis des Bündels mit einander gemein, und durch jeden anderen Kreis ihres Trägers geht einer von ihnen.

163. Wenn ein Kreisbündel und ein Kreisbüschel zu einander normal sind, so bilden alle Kreise des ersteren, welche irgend einen Kreis des letzteren unter einem gegebenen schiefen Winkel schneiden, auch mit jedem anderen sie schneidenden Kreise des Büschels gleiche Winkel, und berühren im Allgemeinen zwei Kreise des Büschels. Bei dem Beweise dieses Satzes dürfen wir annehmen, dass entweder der Büschel aus Parallelkreisen einer Kugel besteht oder ein gewöhnlicher Strahlenbüschel ist; denn auf diese beiden Fälle lässt sich der allgemeine Fall zurückführen (65.). Im ersteren Falle liegen die Mittelpunkte der Parallelkreise mit dem Centrum des Kreisbündels auf einem Durchmesser der Kugel; man erhält alle Kreise des Bündels, welche mit einem der Parallelkreise den gegebenen Winkel bilden, wenn man einen beliebigen derselben um jenen Durchmesser rotiren lässt, und die Richtigkeit des Satzes leuchtet ohne weiteres ein. In dem zweiten Falle liegt der Kreisbündel in der Ebene des Strahlenbüschels und enthält alle Kreise der Ebene, deren Mittelpunkte auf einem bestimmten Strahle dieses Büschels liegen; die Radien derjenigen Kreise des Bündels, welche mit irgend einem anderen Strahle des Büschels den gegebenen Winkel bilden, sind folglich proportional zu den Abständen ihrer Mittelpunkte von dem Mittelpunkte des Büschels; diese Kreise bilden deshalb mit jedem sie schneidenden Strahle des Büschels gleiche Winkel, und werden, wenn sie das Centrum des Büschels nicht einschliessen, von zwei Strahlen desselben berührt.

164. Alle Kugeln, welche eine Kugel $\varkappa$ unter dem schiefen Winkel w und eine andere Kugel γ rechtwinklig schneiden, bilden ein quadratisches Kugelsystem zweiter Stufe und umhüllen[69] im Allgemeinen zwei Kugeln (156.). Daraus folgt (160.), wenn $\varkappa$ und γ sich rechtwinklig schneiden: Alle Kreise der Kugel γ, welche einen auf γ angenommenen Kreis k unter dem schiefen Winkel w schneiden, bilden ein quadratisches Kreissystem zweiter Stufe, d. h. in einem Kreisbüschel von γ liegen im Allgemeinen und höchstens zwei derselben. Durch eine Drehung um den Durchmesser von γ, welcher zu der Ebene des Kreises k normal ist, ändert dieses quadratische Kreissystem sich nicht. Die Ebenen aller Kreise dieses Systemes umhüllen eine Fläche zweiter Ordnung und zweiter Classe (151.); dieselbe ist eine Rotationsfläche und hat den eben erwähnten Durchmesser zur Rotationsaxe.

165. Alle Kugeln, welche zwei Kugeln $\varkappa$, $\varkappa_1$ unter den resp. schiefen Winkeln w, w_1 und eine dritte Kugel γ rechtwinklig schneiden, liegen in zwei Kugelbündeln und bilden zwei Dupin'sche Kugelschaaren (157., 156.). Alle Kreise der Kugel γ, welche zwei auf γ angenommene Kreise k, k_1 unter den resp. Winkeln w, w_1 schneiden, liegen folglich in zwei Kreisbündeln und bilden zwei quadratische Schaaren von Kreisen. Jede dieser beiden Schaaren hat mit einem beliebigen Kreisbündel von γ im Allgemeinen und höchstens zwei Kreise gemein (156.), ihre Kreise bilden mit jedem sie schneidenden Kreise des durch k und k_1 gehenden Büschels gleiche Winkel und berühren im Allgemeinen zwei Kreise dieses Büschels (163.).

166. Drei beliebige Kreise k, k_1, k_2 einer Kugel γ werden im Allgemeinen und höchstens von acht Kreisen der Kugel unter den respectiven schiefen Winkeln w, w_1, w_2 geschnitten. Diese acht Kreise liegen, weil sie mit k und k_1 die Winkel w und w_1 bilden, in zwei quadratischen Kreisschaaren, zugleich aber, weil sie k und k_2 unter den resp. Winkeln w und w_2 schneiden, in zwei Kreisbündeln (165.); sie bilden also die vier Kreispaare, welche diese beiden Bündel mit jenen beiden Kreisschaaren gemein haben.

Einleitung in die analytische Geometrie der Kugelsysteme.

§. 19.
Kugelcoordinaten. Complexe, Congruenzen und Schaaren von Kugeln.

167. Wir wollen nunmehr unseren Untersuchungen ein rechtwinkliges Coordinatensystem zu Grunde legen. Es seien ξ, η, ζ die Coordinaten des Mittelpunktes einer Kugel vom Radius r, und x, y, z diejenigen eines Punktes A, welcher von jenem Mittelpunkte den Abstand d hat. Dann wird die Potenz der Kugel im Punkte A dargestellt durch:

$$d^2 - r^2 = (x - \xi)^2 + (y - \eta)^2 + (z - \zeta)^2 - r^2,$$

und insbesondere die Potenz p im Coordinaten-Anfange durch:

(1) $$p = \xi^2 + \eta^2 + \zeta^2 - r^2.$$

Wir haben also den Satz:

„Die Potenz einer Kugel im Punkte (x, y, z) wird dargestellt durch:

(2) $$(x-\xi)^2+(y-\eta)^2+(z-\zeta)^2-r^2 = x^2+y^2+z^2-2\xi x-2\eta y-2\zeta z+p,$$

wenn (ξ, η, ζ) ihr Mittelpunkt, r ihr Radius ist und p ihre Potenz im Anfangspunkte der Coordinaten.“

Liegt der Punkt (x, y, z) auf der Kugelfläche, so ist $d = r$, die Potenz ist Null, und wir erhalten aus (2) die Gleichung der Kugel in der Form:

(3) $$x^2 + y^2 + z^2 - 2\xi x - 2\eta y - 2\zeta z + p = 0.$$

168. Die Kugel ist völlig bestimmt, wenn die rechtwinkligen Coordinaten ξ, η, ζ ihres Mittelpunktes und ihre Potenz p im Anfangspunkte der Coordinaten gegeben sind. Wir können ξ, η, ζ und p die vier „bestimmenden Grössen" oder „Coordinaten" der Kugel nennen, und mit (ξ, η, ζ, p) die Kugel selbst bezeichnen. Die Einführung der vierten Kugelcoordinate p anstatt des Radius r empfiehlt sich schon deshalb, weil die Gleichung der Kugel in Bezug auf ξ, η, ζ, p linear ist, in Bezug auf ξ, η, ζ, r dagegen quadratisch.

Uebrigens kann der Radius r leicht aus den Kugelcoordinaten berechnet werden mittelst der Gleichung (1):

$$r^2 = \xi^2 + \eta^2 + \zeta^2 - p.$$

Die Kugel (ξ, η, ζ, p) ist eine Punktkugel, wenn $p = \xi^2 + \eta^2 + \zeta^2$ ist; sie artet in eine Ebene aus, wenn ihre Coordinaten unendlich werden.

169. Zwei Kugeln (ξ, η, ζ, p) und $(\xi_1, \eta_1, \zeta_1, p_1)$ haben gleiche Potenz in einem Punkte (x, y, z), wenn dessen Coordinaten der Gleichung:

$$-2\,\xi x - 2\,\eta y - 2\,\zeta z + p = -2\,\xi_1 x - 2\,\eta_1 y - 2\,\zeta_1 z + p_1$$

oder:

$$(\xi - \xi_1)\,x + (\eta - \eta_1)\,y + (\zeta - \zeta_1)\,z = \frac{(p - p_1)}{2}$$

genügen. Diese Gleichung repräsentirt die Potenz-Ebene der beiden Kugeln, welche alle Potenzpunkte derselben enthält und zu der Centrale der Kugeln normal ist. — Die beiden Kugeln (ξ, η, ζ, p) und $(\xi_1, \eta_1, \zeta_1, p_1)$ schneiden sich rechtwinklig, wenn:

$$(4) \qquad \xi\xi_1 + \eta\eta_1 + \zeta\zeta_1 = \frac{p + p_1}{2}$$

ist. Denn auf diese Gleichung reducirt sich die folgende:

$$(\xi^2 + \eta^2 + \zeta^2 - p) + (\xi_1^2 + \eta_1^2 + \zeta_1^2 - p_1)$$
$$= (\xi - \xi_1)^2 + (\eta - \eta_1)^2 + (\zeta - \zeta_1)^2,$$

welche die Summe der Quadrate beider Kugelradien gleich dem Quadrate des Abstandes der Centra setzt; auch erhält man jene Gleichung (4) leicht, wenn man die Potenz der einen Kugel im Centrum der anderen gleich dem Quadrate des Radius dieser anderen Kugel setzt.

170. Fassen wir die Kugelcoordinaten ξ, η, ζ, p als veränderliche Grössen auf, so können wir jede beliebige Kugel durch sie darstellen; nehmen wir insbesondere ξ, η, ζ, p unendlich gross an, aber so dass ihre Verhältnisse endliche Werthe erhalten, so stellen wir durch sie eine Ebene dar, welche auf den Coordinaten-Axen die Strecken $\frac{p}{2\xi}$, $\frac{p}{2\eta}$ und $\frac{p}{2\zeta}$ abschneidet. Da jede der vier Coordinaten ξ, η, ζ, p unabhängig von den übrigen unendlich viele Werthe annehmen kann, so giebt es vierfach unendlich viele Kugeln, und alle Kugeln des Raumes bilden eine Mannigfaltigkeit von vier Dimensionen.

171. Werden die veränderlichen Coordinaten ξ, η, ζ, p irgend einer Bedingungsgleichung unterworfen, so können sie nicht mehr jede beliebige Kugel,

sondern nur noch dreifach unendlich viele Kugeln darstellen. Wir nennen die Gesammtheit aller Kugeln, deren Coordinaten einer gegebenen Gleichung genügen, ein Kugelsystem von drei Dimensionen oder dritter Stufe, oder auch nach Plücker einen „Kugelcomplex", und wollen sagen, der Complex werde durch die Gleichung „dargestellt" oder „repräsentirt". Der Complex heisst algebraisch oder transcendent, je nachdem die Gleichung algebraisch oder transcendent ist; im ersteren Falle nennen wir ihn linear, quadratisch, cubisch oder vom n^{ten} Grade, wenn seine Gleichung in Bezug auf ξ, η, ζ, p linear, quadratisch, cubisch resp. vom n^{ten} Grade ist. So z. B. bilden alle Kugeln, deren Mittelpunkte auf einer gegebenen Fläche liegen, einen Kugelcomplex; derselbe wird durch die Gleichung der Fläche dargestellt. Alle Kugeln vom gegebenen Radius r bilden einen quadratischen Kugelcomplex, dessen Gleichung $p = \xi^2 + \eta^2 + \zeta^2 - r^2$ ist; insbesondere bilden alle Punktkugeln einen quadratischen Complex.

172. Alle Kugeln, deren Coordinaten zwei verschiedenen Gleichungen genügen, bilden im Allgemeinen ein Kugelsystem zweiter Stufe oder nach Plücker's Bezeichnung eine „Kugelcongruenz". Diese Congruenz besteht aus allen gemeinschaftlichen Kugeln der beiden durch die Gleichungen repräsentirten Kugelcomplexe; letztere durchdringen oder „schneiden" sich in der Congruenz, falls sie sich nicht in derselben „berühren". Drei Kugelcomplexe, welche keine Kugelcongruenz und auch keinen Theil einer Congruenz mit einander gemein haben, durchdringen sich in einem Kugelsystem erster Stufe, welches wir auch eine „Kugelschaar" nennen; diese Kugelschaar besteht aus den einfach unendlich vielen gemeinschaftlichen Kugeln der drei Complexe und wird durch die drei Gleichungen der Complexe dargestellt.

173. Ueberhaupt bilden alle Kugeln, deren Coordinaten i Bedingungsgleichungen genügen, im Allgemeinen ein Kugelsystem von $4-i$ Dimensionen oder $4 - i^{\text{ter}}$ Stufe. Sie können jedoch in besonderen Fällen eine Mannigfaltigkeit von mehr als $4 - i$ Dimensionen bilden, auch wenn, wie wir voraussetzen, keine der i Gleichungen eine Folge der übrigen ist. Diese Ausnahmefälle sind demjenigen vergleichbar, in welchem drei Flächen eine krumme oder gerade Linie mit einander gemein haben anstatt discreter Punkte, wie in dem allgemeinen Falle. Ein Kugelsystem heisst algebraisch, wenn alle seine Gleichungen algebraisch sind; es heisst linear, wenn seine Gleichungen algebraisch und vom ersten Grade sind in Bezug auf die Kugelcoordinaten.

174. Ein linearer Kugelcomplex ist nichts anderes als ein Kugelgebüsch, und zwar insbesondere ein symmetrisches Gebüsch, wenn seine Gleichung

die Form:

$$A\xi + B\eta + C\zeta + D = 0$$

hat. Diese Gleichung nämlich repräsentirt die Symmetrie-Ebene des Gebüsches, in welcher die Mittelpunkte aller seiner Kugeln liegen. Im Allgemeinen enthält die Gleichung des linearen Complexes auch die vierte Kugel-
Coordinate p, und kann auf die Form:

(5) $$p = a\xi + b\eta + c\zeta + d$$

gebracht werden; weil aber dann die Potenz einer beliebigen Kugel des Complexes im Punkte (x, y, z) dargestellt wird durch:

$$x^2 + y^2 + z^2 - 2\xi x - 2\eta y - 2\zeta z + (a\xi + b\eta + c\zeta + d),$$

so haben alle Kugeln des Complexes im Punkte $\left(\frac{a}{2}, \frac{b}{2}, \frac{c}{2}\right)$ die Potenz

$$\tfrac{1}{4}(a^2 + b^2 + c^2) + d.$$

Die Gleichung (5) stellt also ein Kugelgebüsch dar vom Centrum $\left(\frac{a}{2}, \frac{b}{2}, \frac{c}{2}\right)$
und der Potenz $\frac{1}{4}(a^2 + b^2 + c^2) + d$; die Orthogonalkugel dieses Gebüsches aber
hat die Coordinaten $\left(\frac{a}{2}, \frac{b}{2}, \frac{c}{2}, -d\right)$ wie sich durch Vergleichung von (5) mit (4)
ohne Weiteres ergiebt. Die Constanten a, b, c, d der Gleichung (5) können
so bestimmt werden, dass das Gebüsch durch vier beliebig angenommene
Kugeln geht (vgl. 12.). — Eine lineare Kugelcongruenz ist ein Kugelbündel,
und eine lineare Kugelschaar ist ein Kugelbüschel; der Beweis folgt aus dem
obigen Satze und aus den Definitionen der linearen Kugelsysteme. Dass vier
Kugelgebüsche eine und im Allgemeinen nur eine Kugel mit einander gemein
haben, beweist man durch Auflösung ihrer vier linearen Gleichungen. Auch
die übrigen Sätze des § 9 über lineare Kugelsysteme können hier mittelst
einfacher Rechnungen bewiesen werden.

175. Sind ξ, η, ζ, p und ξ', η', ζ', p' die Coordinaten einer beliebigen
Kugel in Bezug auf zwei verschiedene rechtwinklige Coordinaten-Systeme,
so werden bekanntlich die Mittelpunkts-Coordinaten ξ, η, ζ durch lineare
Functionen von ξ', η', ζ' ausgedrückt; aber auch die Potenz p im Coordina-
tenanfangspunkte des ersten Systemes ist alsdann eine lineare Function von
ξ', η', ζ' und p'. Denn es wird (167.)

$$p = a^2 + b^2 + c^2 - 2\xi'a + \eta'b + \zeta'c + p',$$

wenn a, b, c die Coordinaten jenes Anfangspunktes in Bezug auf das zweite
Coordinatensystem bezeichnen. Bei dem Uebergange von einem rechtwink-
ligen Coordinatensysteme zu einem anderen bleibt deshalb der Grad der
Gleichungen algebraischer Kugelsysteme ungeändert.

176. Durch reciproke Radien, deren Potenz $= k$ und deren Centrum der Coordinaten-Anfang ist, wird jedem Punkte (x, y, z) ein Punkt (x_1, y_1, z_1) zugeordnet, so dass:

$$x : x_1 = y : y_1 = z : z_1 \text{ und } (x^2 + y^2 + z^2) \cdot (x_1^2 + y_1^2 + z_1^2) = k^2$$

und demgemäss:

(6) $$x = \frac{kx_1}{x_1^2 + y_1^2 + z_1^2}, \; y = \frac{ky_1}{x_1^2 + y_1^2 + z_1^2}, \; z = \frac{kz_1}{x_1^2 + y_1^2 + z_1^2}$$

wird. Durch diese Substitution geht die Gleichung:

$$x^2 + y^2 + z^2 - 2\xi x - 2\eta y - 2\zeta z + p = 0,$$

einer Kugel (ξ, η, ζ, p) über in diejenige einer anderen Kugel $(\xi_1, \eta_1, \zeta_1, p_1)$, nämlich in:

$$p_1 - 2\xi_1 x_1 - 2\eta_1 y_1 - 2\zeta_1 z_1 + x_1^2 + y_1^2 + z_1^2 = 0,$$

wenn gesetzt wird:

(7) $$\xi_1 = \frac{k\xi}{p}, \quad \eta_1 = \frac{k\eta}{p}, \quad \zeta_1 = \frac{k\zeta}{p}, \quad p_1 = \frac{k^2}{p},$$

Die Kugel (ξ, η, ζ, p) wird also durch die reciproken Radien in die Kugel $(\xi_1, \eta_1, \zeta_1, p_1)$ transformirt, und wir erhalten aus (7) die Substitution:

$$\xi = \frac{k\xi_1}{p_1}, \quad \eta = \frac{k\eta_1}{p_1}, \quad \zeta = \frac{k\zeta_1}{p_1}, \quad p = \frac{k^2}{p_1}.$$

Setzen wir in irgend eine Gleichung n^{ten} Grades für ξ, η, ζ, p diese Werthe ein und multipliciren sodann die Gleichung mit p_1^n, so erhalten wir eine Gleichung n^{ten} Grades für ξ_1, η_1, ζ_1, p_1. Ein Kugelcomplex n^{ten} Grades verwandelt sich also durch reciproke Radien in einen Kugelcomplex n^{ten} Grades. Dieser Satz gilt für jede beliebige Lage des Centrums der reciproken Radien, weil der Anfangspunkt der Coordinaten nach diesem Centrum hin verlegt werden kann[16]).

---

[16]) Zwei Kugeln (ξ, η, ζ, p) und $(\xi_1, \eta_1, \zeta_1, p_1)$ sind einander zugeordnet in Bezug auf eine beliebige dritte $(\xi_0, \eta_0, \zeta_0, p_0)$, wenn:

$$\frac{\xi - \xi_0}{\xi_1 - \xi_0} = \frac{\eta - \eta_0}{\eta_1 - \eta_0} = \frac{\zeta - \zeta_0}{\zeta_1 - \zeta_0} = \frac{p - p_0}{p_1 - p_0} = \frac{r_0^2}{k_1} = \frac{k}{r_0^2},$$

worin

$$r_0^2 = \xi_0^2 + \eta_0^2 + \zeta_0^2 - p_0, \; k = \xi_0^2 + \eta_0^2 + \zeta_0^2 - 2\xi\xi_0 - 2\eta\eta_0 - 2\zeta\zeta_0 + p$$

und

$$k_1 = \xi_0^2 + \eta_0^2 + \zeta_0^2 - 2\xi_1\xi_0 + 2\eta_1\eta_0 - 2\zeta_1\zeta_0 + p_1$$

ist. Den Beweis dieser Formeln unterdrücken wir der Kürze wegen.

177. Ist die Gleichung einer Kugel gegeben in der Form:

$$\alpha_0(x^2 + y^2 + z^2) - 2\alpha_1 x - 2\alpha_2 y - 2\alpha_3 z + \alpha_4 = 0,$$

so können wir deren fünf Coefficienten α_i als die Coordinaten der Kugel auffassen und die Kugel durch $(\alpha_0, \alpha_1, \alpha_2, \alpha_3, \alpha_4)$ oder kürzer durch α darstellen; denn diese Coefficienten und sogar die Verhältnisse derselben bestimmen die Kugel vollständig. Diese etwas allgemeineren Kugelcoordinaten α_i sind mit den vorigen verknüpft durch die einfachen Gleichungen:

$$(8) \qquad \xi = \frac{\alpha_1}{\alpha_0}, \quad \eta = \frac{\alpha_2}{\alpha_0}, \quad \zeta = \frac{\alpha_3}{\alpha_0}, \quad p = \frac{\alpha_4}{\alpha_0};$$

wird $\alpha_0 = 1$ gesetzt, so werden $\alpha_1, \alpha_2, \alpha_3, \alpha_4$ identisch mit den gewöhnlichen Kugelcoordinaten ξ, η, ζ, p. Durch die reciproken Radien (6) verwandelt sich α in eine Kugel β, deren Coordinaten aus den Gleichungen:

$$(9) \qquad \beta_0 = \alpha_4, \quad \beta_1 = k\alpha_1, \quad \beta_2 = k\alpha_2, \quad \beta_3 = k\alpha_3, \quad \beta_4 = k^2\alpha_0$$

berechnet werden können. Ein Kugelcomplex n^{ten} Grades wird dargestellt durch eine h o m o g e n e Gleichung n^{ten} Grades zwischen $\alpha_0, \alpha_1, \alpha_2, \alpha_3, \alpha_4$; er verwandelt sich durch die reciproken Radien in einen Kugelcomplex n^{ten} Grades, weil seine Gleichung durch die Substitution (9) in eine homogene Gleichung n^{ten} Grades für $\beta_0, \beta_1, \beta_2, \beta_3, \beta_4$ übergeht.

178. Die Kugel α hat den Punkt $\left(\frac{\alpha_1}{\alpha_0}, \frac{\alpha_2}{\alpha_0}, \frac{\alpha_3}{\alpha_0}\right)$ zum Centrum und ihr Radius r ergiebt sich (168.) aus der Gleichung:

$$(10) \qquad \alpha_0^2 r^2 = \alpha_1^2 + \alpha_2^2 + \alpha_3^2 - \alpha_0\alpha_4.$$

Sie ist eine Punktkugel, wenn $\alpha_1^2 + \alpha_2^2 + \alpha_3^2 = \alpha_0\alpha_4$, und artet in eine Ebene aus, wenn $\alpha_0 = 0$ ist; im letzteren Falle schneidet die Ebene auf den Coordinatenaxen die Strecken $\frac{\alpha_4}{2\alpha_1}$, $\frac{\alpha_4}{2\alpha_2}$ und $\frac{\alpha_4}{2\alpha_3}$ ab. Zwei Kugeln α und β schneiden sich rechtwinklig, wenn:

$$(11) \qquad \alpha_1\beta_1 + \alpha_2\beta_2 + \alpha_3\beta_3 = \tfrac{1}{2}(\alpha_4\beta_0 + \alpha_0\beta_4)$$

ist (169.). Eine Kugel α ist nur dann zu sich selbst rechtwinklig, wenn sie sich auf einen Punkt reducirt; denn für $\beta_i = \alpha_i$ geht (11) über in $\alpha_1^2 + \alpha_2^2 + \alpha_3^2 = \alpha_0\alpha_4$. — Alle Kugeln α, deren Coordinaten der linearen homogenen Gleichung:

$$(12) \qquad a_0\alpha_0 + a_1\alpha_1 + a_2\alpha_2 + a_3\alpha_3 + a_4\alpha_4 = 0$$

genügen, bilden einen linearen Kugelcomplex, d. h. ein Kugelgebüsch; für die Orthogonalkugel β dieses Gebüsches erhalten wir durch Vergleichung von (12) mit (11) die Coordinaten:

(13) $\qquad \beta_0 = -2a_4, \quad \beta_1 = a_1, \quad \beta_2 = a_2, \quad \beta_3 = a_3, \quad \beta_4 = -2a_0,$

und es ist $\left(-\frac{a_1}{2a_4}, -\frac{a_2}{2a_4}, -\frac{a_3}{2a_4}\right)$ das Centrum und $\frac{1}{4a_4^2}(a_1^2 + a_2^2 + a_3^2 - 4a_0a_4)$ die Potenz des Gebüsches (vgl. 174.).

179. Eine Kugel γ liegt mit zwei gegebenen Kugeln α und α' in einem Kugelbüschel, wenn ihre Coordinaten den Gleichungen:

(14) $\qquad \gamma_0 = \lambda\alpha_0 + \lambda'\alpha_0', \; \gamma_1 = \lambda\alpha_1 + \lambda'\alpha_1', \; \ldots, \; \gamma_4 = \lambda\alpha_4 + \lambda'\alpha_4'$

genügen. Denn durch Elimination der willkürlichen Constanten λ und λ' aus den fünf Gleichungen (14) ergeben sich drei lineare homogene Gleichungen für die Coordinaten von γ, und diese drei Gleichungen repräsentiren den durch α und α' gehenden Kugelbüschel. Die beiden Kugeln:

$$(\lambda\alpha_0 \pm \lambda'\alpha_0', \; \lambda\alpha_1 \pm \lambda'\alpha_1', \; \lambda\alpha_2 \pm \lambda'\alpha_2', \; \lambda\alpha_3 \pm \lambda'\alpha_3', \; \lambda\alpha_4 \pm \lambda'\alpha_4')$$

sind durch die Kugeln α und α' harmonisch getrennt; denn man findet ohne Schwierigkeit, dass ihre Mittelpunkte durch diejenigen von α und α' harmonisch getrennt sind, und dass die vier Kugeln mit einer fünften Kugel β vier harmonische Potenz-Ebenen bestimmen. Uebrigens kann der Satz auch als Definition harmonischer Kugeln betrachtet werden. — Wenn in (14) das Verhältniss der Parameter λ und λ' sich stetig ändert, so beschreibt die Kugel γ den durch α und α' gehenden Kugelbüschel.

---

§. 20.
Projective Verwandtschaft linearer Kugelsysteme.

180. Wir wollen mit R und R' zwei Räume bezeichnen, in jedem derselben ein rechtwinkliges Coordinatensystem annehmen, und eine beliebige Kugel α

von R mittelst ihrer Coordinaten durch $(\alpha_0, \alpha_1, \alpha_2, \alpha_3, \alpha_4)$ sowie eine Kugel α' von R' durch $(\alpha_0', \alpha_1', \alpha_2', \alpha_3', \alpha_4')$ darstellen. Durch die bilineare Gleichung: [77]

$$
\text{(A)} \quad
\left\{
\begin{aligned}
&(a_{00}\alpha_0 + a_{01}\alpha_1 + a_{02}\alpha_2 + a_{03}\alpha_3 + a_{04}\alpha_4)\,\alpha_0' \\
&+(a_{10}\alpha_0 + a_{11}\alpha_1 + a_{12}\alpha_2 + a_{13}\alpha_3 + a_{14}\alpha_4)\,\alpha_1' \\
&\dotfill \\
&\dotfill \\
&+(a_{40}\alpha_0 + a_{41}\alpha_1 + a_{42}\alpha_2 + a_{43}\alpha_3 + a_{44}\alpha_4)\,\alpha_4'
\end{aligned}
\right\} = 0
$$

sind dann mit jeder Kugel des einen Raumes unendlich viele Kugeln des anderen „verknüpft", indem ihre Coordinaten der Gleichung (A) genügen. Und zwar sind mit einer bestimmten Kugel α des Raumes R alle Kugeln eines in R' liegenden Gebüsches verknüpft. Die Orthogonalkugel β' dieses Gebüsches hat (178.) die Coordinaten:

$$
\text{(B)} \quad
\left\{
\begin{aligned}
\beta_0' &= -2\,(a_{40}\alpha_0 + a_{41}\alpha_1 + \ldots + a_{44}\alpha_4), \\
\beta_1' &= a_{10}\alpha_0 + a_{11}\alpha_1 + \ldots + a_{14}\alpha_4, \\
\beta_2' &= a_{20}\alpha_0 + a_{21}\alpha_1 + \ldots + a_{24}\alpha_4, \\
\beta_3' &= a_{30}\alpha_0 + a_{31}\alpha_1 + \ldots + a_{34}\alpha_4, \\
\beta_4' &= -2\,(a_{00}\alpha_0 + a_{01}\alpha_1 + \ldots + a_{04}\alpha_4);
\end{aligned}
\right.
$$

wir wollen sagen, diese Kugel β' von R' „entspreche" der Kugel α des Raumes R und sei ihr „homolog". Ganz ähnliche lineare Gleichungen erhält man für die Coordinaten der Kugel β von R, welche einer beliebigen Kugel α' von R' entspricht, wenn man die bilineare Gleichung (A) identificirt mit der Gleichung:

$$
\text{(C)} \quad -\tfrac{1}{2}\beta_4\alpha_0 + \beta_1\alpha_1 + \beta_2\alpha_2 + \beta_3\alpha_3 - \tfrac{1}{2}\beta_0\alpha_4 = 0;
$$

diese letztere Gleichung nämlich ist die Bedingung dafür, dass die Kugel β zu einer jeden mit α' verknüpften Kugel α normal ist (178.).

181. Durch die lineare Substitution (B), deren Determinante wir als von Null verschieden vorraussetzen, ist einer jeden Kugel α des Raumes R die ihr entsprechende Kugel β' von R' zugewiesen, zugleich aber jedem Kugelcomplex n^{ten} Grades des einen Raumes ein ihm entsprechender Kugelcomplex n^{ten} Grades des anderen. Denn eine homogene Gleichung n^{ten} Grades für β_0', β_1', β_2', β_3', β_4' geht durch die Substitution (B) über in eine homogene Gleichung n^{ten} Grades für α_0, α_1, α_2, α_3, α_4. Wenn insbesondere eine der homologen Kugeln α und β' ein Kugelgebüsch beschreibt, so beschreibt auch die andere ein Kugelgebüsch. Auch jedem Kugelbündel oder -Büschel

des einen Raumes entspricht folglich ein Kugelbündel resp. -Büschel des anderen. Wir nennen diese eindeutige Beziehung, welche durch die Substitution (B) zwischen den vierfach unendlichen Kugelsystemen der Räume R und R' hergestellt wird, eine „projective", und wollen auch von zwei einander entsprechenden Kugel-Complexen, -Congruenzen oder -Schaaren der Räume sagen, sie seien „projectiv" auf einander bezogen. — Zwei Kugelsysteme vierter Stufe, welche zur Deckung gebracht werden können, sind allemal projectiv; denn die Substitution:

$$\beta_0' = \alpha_0, \quad \beta_1' = \alpha_1, \quad \beta_2' = \alpha_2, \quad \beta_3' = \alpha_3, \quad \beta_4' = \alpha_4$$

ist in (B) enthalten. Ebenso sind zwei Kugelsysteme projectiv, wenn sie durch reciproke Radien in einander transformirt werden können (177.). Auch beweist man leicht, dass zwei Kugelsysteme, welche zu einem und demselben dritten projectiv sind, zu einander projectiv sein müssen.

182. Wenn die Coordinaten α_i in der Gleichung (C) dieselbe Kugel repräsentiren, wie in den fünf Gleichungen (B), so sind β' und β zwei Kugeln, denen zwei mit einander verknüpfte Kugeln α und α' entsprechen, und jede der Kugeln β' und β ist die Orthogonalkugel des Gebüsches, welches mit der der anderen entsprechenden Kugel verknüpft ist. Wir erhalten aber in diesem Falle, indem wir die fünf Coordinaten α_i aus den sechs Gleichungen (B) und (C) eliminiren, für die Coordinaten β_i und β_i' die bilineare Gleichung:

$$
(D) \qquad 0 =
\begin{vmatrix}
a_{00} & a_{01} & a_{02} & a_{03} & a_{04} & -\tfrac{1}{2}\beta_4' \\
a_{10} & a_{11} & a_{12} & a_{13} & a_{14} & \beta_1' \\
a_{20} & a_{21} & a_{22} & a_{23} & a_{24} & \beta_2' \\
a_{30} & a_{31} & a_{32} & a_{33} & a_{34} & \beta_3' \\
a_{40} & a_{41} & a_{42} & a_{43} & a_{44} & -\tfrac{1}{2}\beta_0' \\
-\tfrac{1}{2}\beta_4 & \beta_1 & \beta_2 & \beta_3 & -\tfrac{1}{2}\beta_0 & 0
\end{vmatrix}
$$

Wenn also zwei Kugeln α und α' durch die Gleichung (A) verknüpft sind, so sind die ihnen entsprechenden Kugeln β' und β durch die bilineare Gleichung (D) verknüpft. Dieser Satz gilt auch umgekehrt, weil aus (B) und (D) die Gleichung (C) folgt.

183. Die bilineare Gleichung (A) zählt 25 Constanten a_{ik}, und die Verknüpfung der Kugeln von R und R' ist nebst der projectiven Beziehung der beiden Kugelsysteme vierter Stufe völlig bestimmt, wenn die 24 Verhältnisse dieser 25 Constanten gegeben sind. Wir erhalten nun für diese Verhältnisse eine lineare Gleichung, wenn wir in (A) die Coordinaten von irgend zwei mit einander verknüpften Kugeln einsetzen. Die projective Beziehung der beiden

Kugelsysteme ist deshalb im Allgemeinen völlig bestimmt, wenn 24 Paare von mit einander verknüpften Kugeln der Räume R und R' willkürlich angenommen werden. Dabei ist zu bemerken,[79] dass eine Kugel des einen Raumes mit einem Gebüsche des anderen verknüpft ist und der Orthogonalkugel desselben entspricht, sobald sie mit vier beliebigen Kugeln des Gebüsches verknüpft ist. Um zwei Kugelsysteme vierter Stufe projectiv auf einander zu beziehen, kann man demnach in jedem derselben sechs Kugeln, von welchen keine fünf in einem Kugelgebüsche liegen, willkürlich annehmen, und sodann den sechs Kugeln des einen Systemes die sechs des anderen beziehungsweise als entsprechende zuweisen; die projective Beziehung der Systeme ist dadurch völlig bestimmt.

184. Wir können diesen wichtigen Satz auch mit Hülfe der Gleichungen (B) beweisen. Dividiren wir nämlich durch die erste dieser fünf Gleichungen die vier übrigen und setzen in die so gewonnenen vier Gleichungen die Verhältnisse der Coordinaten von zwei einander entsprechenden Kugeln α und β' ein, so erhalten wir vier lineare Gleichungen für die 24 Verhältnisse der Constanten α_{ik}; sechs Paare homologer Kugeln sind also im Allgemeinen ausreichend zur Bestimmung dieser 24 Verhältnisse und damit der projectiven Beziehung der beiden Kugelsysteme. — Auf ähnliche Weise ergeben sich die folgenden Sätze: Um zwei Gebüsche, Bündel oder Büschel von Kugeln projectiv auf einander zu beziehen, kann man in jedem derselben fünf, vier resp. drei Kugeln willkürlich annehmen und diese Kugeln einander paarweise als entsprechende zuweisen; die projective Beziehung ist dadurch im Allgemeinen völlig bestimmt. Nämlich durch die Gleichungen von zwei Büscheln z. B., die projectiv auf einander bezogen werden sollen, sind je drei der Coordinaten α_i resp. β_i' als lineare Functionen der übrigen, etwa von α_0', α_1 resp. β_0', β_1', bestimmt, so dass die ersten beiden Gleichungen (B) die Form annehmen:

$$\beta_0' = a\,\alpha_0 + b\,\alpha_1; \quad \beta_1' = c\,\alpha_0 + d\,\alpha_1, \quad \text{woraus} \quad \frac{\beta_1'}{\beta_0'} = \frac{c\,\alpha_0 + d\,\alpha_1}{a\,\alpha_0 + b\,\alpha_1}.$$

Setzen wir in diese letzte Gleichung die Coordinaten-Verhältnisse $\frac{\alpha_1}{\alpha_0}$ und $\frac{\beta_1'}{\beta_0'}$ von zwei einander entsprechenden Kugeln der Büschel ein, so erhalten wir für die drei Verhältnisse der Constanten a, b, c, d eine lineare Gleichung; drei Paare homologer Kugeln der Büschel genügen deshalb zur Bestimmung dieser drei Verhältnisse und somit der projectiven Beziehung der Büschel.

185. Da congruente Büschel auch projectiv sind (181.), so folgt aus dem soeben bewiesenen Satze: Wenn zwei projective Kugelbüschel drei Kugeln

„entsprechend gemein" haben, d. h. wenn drei Kugeln des einen mit den ihnen entsprechenden Kugeln des anderen zusammen fallen, so haben die Büschel alle ihre Kugeln entsprechend[80] gemein und sind identisch. Ebenso ergiebt sich: Zwei projective Kugelbündel sind identisch, wenn sie vier Kugeln, von welchen keine drei in einem Büschel liegen, entsprechend gemein haben. Zwei projective Gebüsche endlich haben alle ihre Kugeln entsprechend gemein (sind also identisch), wenn fünf Kugeln des einen, von welchen keine vier in einem Bündel liegen, mit den ihnen entsprechenden Kugeln des anderen zusammenfallen; denn die projective Beziehung der Gebüsche ist durch die fünf Paare homologer Kugeln völlig bestimmt (184.) und kann in dem vorliegenden Falle keine andere sein als die der Congruenz.

186. Nehmen wir nunmehr an, die Räume R und R' seien auf ein und dasselbe Coordinatensystem bezogen, so ergiebt sich ohne Weiteres: Alle mit sich selbst verknüpften Kugeln bilden einen quadratischen Kugelcomplex; derselbe wird durch die Gleichung (A) dargestellt, wenn darin $\alpha_i' = \alpha_i$ für $i = 0, 1, 2, 3, 4$ gesetzt wird. Nur dann erleidet dieser Satz eine Ausnahme, wenn $a_{ik} = -a_{ki}$ für i und $k = 0, 1, 2, 3, 4$, und folglich $a_{ii} = 0$ ist; denn in diesem Falle ist durch (A) jede beliebige Kugel α mit sich selbst verknüpft und zu der ihr entsprechenden Kugel β' normal. Wir können den Satz auch so aussprechen: In zwei projectiven Kugelsystemen vierter Stufe bilden diejenigen Kugeln, welche zu den ihnen entsprechenden normal sind, im Allgemeinen je einen quadratischen Kugelcomplex.

187. In den projectiven Kugelsystemen der Räume R und R' fällt die Kugel α mit ihrer entsprechenden β' zusammen, wenn die Coordinaten von β' sich verhalten wie diejenigen von α (177.). Setzen wir nun in den Gleichungen (B):

$$\beta_0' = \varkappa\alpha_0, \quad \beta_1' = \varkappa\alpha_1, \quad \ldots \quad \beta_4' = \varkappa\alpha_4$$

und eliminiren sodann aus ihnen die Coordinaten α_i so erhalten wir für die Constante $\varkappa$ die Gleichung fünften Grades:

$$\begin{vmatrix} a_{00} & a_{01} & a_{02} & a_{03} & a_{04} + \frac{\varkappa}{2} \\ a_{10} & a_{11} - \varkappa & a_{12} & a_{13} & a_{14} \\ a_{20} & a_{21} & a_{22} - \varkappa & a_{23} & a_{24} \\ a_{30} & a_{31} & a_{32} & a_{33} - \varkappa & a_{34} \\ a_{40} + \frac{\varkappa}{2} & a_{41} & a_{42} & a_{43} & a_{44} \end{vmatrix} = 0$$

Zu jeder Wurzel dieser Gleichung gehört eine sich selbst entsprechende Kugel α, und zwar ergeben sich deren Coordinaten α_i, abgesehen von einem gemeinschaftlichen Factor, aus vier der Gleichungen (B), wenn darin $\beta_i' = \varkappa\alpha_i$

gesetzt wird. Es giebt also im Allgemeinen fünf Kugeln, welche mit den ihnen entsprechenden zusammenfallen.

188. Eine beliebige Kugel γ kann sowohl zum Raume R als auch zu R' gerechnet werden, und ihr entsprechen deshalb im Allgemeinen zwei verschiedene Kugeln: eine in R' und eine in R. Nur dann fallen für jede Lage der Kugel γ die beiden ihr entsprechenden Kugeln zusammen, wenn die bilineare Gleichung (A) bei einer Vertauschung von $\alpha_0, \alpha_1, \alpha_2, \alpha_3, \alpha_4$ mit resp. $\alpha'_0, \alpha'_1, \alpha'_2, \alpha'_3, \alpha'_4$ ungeändert bleibt, wenn also entweder $a_{ik} = a_{ki}$ oder $a_{ik} = -a_{ki}$ ist für i und $k = 0, 1, 2, 3, 4$. Mit dem ersteren dieser beiden Fälle beschäftigen wir uns im nächsten §, und beschränken uns hier auf eine einzige Bemerkung zu demselben. Nämlich wenn β die Orthogonalkugel des Gebüsches ist, welches durch die Gleichung (A) mit irgend einer Kugel α verknüpft ist, so ist umgekehrt α die Orthogonalkugel des durch die Gleichung (D), nicht aber durch (A) mit β verknüpften Gebüsches, mag nun $a_{ik} = a_{ki}$ sein oder nicht.

---

§. 21.
Quadratische Complexe, Congruenzen und Schaaren von Kugeln.

189. Indem wir die Gleichungen (A), (B) und (D) des § 20 auch ferner unseren Untersuchungen zu Grunde legen, nehmen wir nunmehr an, dass $a_{ik} = a_{ki}$ ist für i und $k = 0, 1, 2, 3, 4$. Die Coordinaten aller Kugeln γ, welche durch die bilineare Gleichung (A) mit sich selbst verknüpft sind, genügen alsdann der quadratischen Gleichung:

(E) $$a_{00}\gamma_0^2 + 2\,a_{01}\gamma_0\gamma_1 + 2\,a_{02}\gamma_0\gamma_2 + \cdots$$
$$\cdots + a_{33}\gamma_3^2 + 2\,a_{34}\gamma_3\gamma_4 + a_{44}\gamma_4^2 = 0.$$

Diese Gleichung enthält dieselben 15 Constanten a_{ik}, wie die Gleichungen (A), (B) und (D), und repräsentirt einen ganz beliebigen quadratischen Kugelcomplex. Wenn dieser Complex gegeben ist, so ist deshalb auch die durch (A) bewirkte Verknüpfung sowie die durch (B) hergestellte projective Beziehung der Kugeln völlig bestimmt. Durch vierzehn willkürlich angenommene Kugeln kann ein quadratischer Kugelcomplex gelegt werden.

190. Von zwei durch die bilineare Gleichung (A) verknüpften Kugeln α und α' wollen wir sagen, sie seien „conjugirt" in Bezug auf den quadratischen Kugelcomplex (E), weil sie zu demselben[82] in analoger Beziehung stehen, wie zu einer Fläche zweiter Ordnung zwei bezüglich derselben conjugirte Punkte. Setzen wir nämlich in der Gleichung (E):

$$\gamma_i = \lambda\alpha_i + \lambda'\alpha_i' \quad \text{für} \quad i = 0, 1, 2, 3, 4 \quad \text{(vgl. 179.)},$$

so erhalten wir für die Parameter λ, λ' derjenigen Kugeln des Complexes, welche mit α und α' in einem Büschel liegen, eine quadratische Gleichung von der Form als $a\lambda^2 + a'(\lambda')^2 = 0$; denn der Coefficient von $2\lambda\lambda'$ wird Null wegen der Gleichung (A). Die quadratische Gleichung ergiebt für $\frac{\lambda'}{\lambda}$ zwei Werthe $\pm b$, die sich nur durch das Vorzeichen unterscheiden; die zugehörigen Kugeln des Complexes aber haben die Coordinaten $\gamma_i = \lambda\alpha_i \pm b\lambda\alpha_i'$ und sind (179.) durch die Kugeln α und α' harmonisch getrennt. Also je zwei durch die Gleichung (A) verknüpfte Kugeln trennen diejenigen beiden Kugeln des Complexes (E) harmonisch, welche mit ihnen in einem Büschel liegen.

191. Wenn die Kugel α dem quadratischen Complexe (E) angehört, so verschwindet in der Gleichung $a\lambda^2 + a'(\lambda')^2 = 0$ der Coefficient a, und die Wurzeln $\pm b$ werden beide Null; der Kugelbüschel schneidet dann nicht den Kugelcomplex, sondern „berührt" ihn in der Kugel α. Liegen die conjugirten Kugeln α und α' beide in dem quadratischen Complexe, so enthält dieses alle Kugeln des Büschels $\alpha\alpha'$; denn alsdann verschwindet sowohl a wie a', und b wird ein willkürlicher Parameter.

192. Das Kugelgebüsch, dessen Kugeln in Bezug auf den Complex (E) einer gegebenen Kugel α conjugirt, d. h. mit α durch die Gleichung (A) verknüpft sind, wollen wir die „Polare" von α bezüglich des quadratischen Complexes nennen. Liegt α in dem Complexe, so wird dieser von dem Gebüsche, d. h. von jedem durch α gehenden Kugelbüschel desselben (191.), in α „berührt". Mit diesem berührenden Gebüsche hat der Complex eine quadratische Kugelcongruenz gemein, welche entweder gar keine von α verschiedene reelle Kugel oder einfach unendlich viele durch α gehende Kugelbüschel enthält und durch einen solchen Büschel beschrieben werden kann (191.). Wenn der Complex einen durch α gehenden Kugelbündel enthält, so liegt dieser Bündel auch in der quadratischen Congruenz, und letztere zerfällt in diesen und einen anderen Bündel.

193. Die Polaren aller Kugeln eines Büschels durchdringen sich in einem Bündel und die Polaren aller Kugeln dieses Bündels durchdringen sich in jenem Büschel; wir wollen deshalb den Bündel die „Polare" des Büschels und

den Büschel die Polare des Bündels nennen. Die Polaren aller Kugeln eines Gebüsches gehen durch eine Kugel, von welcher das Gebüsch die Polare ist. Die Richtigkeit dieser Sätze folgt daraus[83], dass die Gleichung (A) sich nicht ändert, wenn α_i mit α'_i vertauscht wird. — Hat beispielsweise die Gleichung (A) die einfache Form:

$$-\frac{1}{2}\,\alpha_4\alpha'_0 + \alpha_1\alpha'_1 + \alpha_2\alpha'_2 + \alpha_3\alpha'_3 - \frac{1}{2}\,\alpha_0\alpha'_4 = 0,$$

so sind je zwei conjugirte Kugeln zu einander normal (178.), jede Kugel ist die Orthogonalkugel ihrer Polare, und ein beliebiger Büschel ist die Polare des zu ihm orthogonalen Bündels; der quadratische Complex aber hat die Gleichung:

$$\alpha_1^2 + \alpha_2^2 + \alpha_3^2 - \alpha_0\alpha_4 = 0$$

und besteht aus allen Punktkugeln des Raumes.

194. Im Allgemeinen erfüllen die Punktkugeln des quadratischen Kugelcomplexes nicht den ganzen unendlichen Raum, sondern eine Fläche vierter Ordnung, welche von Casey[17]) und Darboux[18]) eine „Cyclide" genannt worden ist. Wir erhalten die Gleichung dieser Fläche in rechtwinkligen Punktcoordinaten ξ, η, ζ, wenn wir (177.) in der Complexgleichung (E) setzen:

$$\frac{\gamma_1}{\gamma_0} = \xi, \quad \frac{\gamma_2}{\gamma_0} = \eta, \quad \frac{\gamma_3}{\gamma_0} = \zeta, \quad \frac{\gamma_4}{\gamma_0} = p = \xi^2 + \eta^2 + \zeta^2.$$

Der Ort aller Punktkugeln des quadratischen Complexes wird demnach dargestellt durch die Gleichung vierten Grades:

$$u_2 + 2\,u_1(\xi^2 + \eta^2 + \zeta^2) + a_{44}(\xi^2 + \eta^2 + \zeta^2)^2 = 0,$$

worin:

$$u_2 = a_{00} + 2\,a_{01}\xi + 2\,a_{02}\eta + 2\,a_{03}\zeta + a_{11}\xi^2 + \ldots + 2\,a_{23}\eta\zeta + a_{33}\zeta^2,$$
$$u_1 = a_{04} + a_{14}\xi + a_{24}\eta + a_{34}\zeta$$

ist. Von anderen Flächen vierter Ordnung unterscheidet sich diese Cyclide vor Allem dadurch, dass sie mit einer beliebigen Kugel eine Raumcurve vierter Ordnung gemein hat, durch welche Flächen zweiter Ordnung gelegt werden können. Setzen wir nämlich $\xi^2 + \eta^2 + \zeta^2$ gleich einer linearen Function

---

[17]) Casey, on Cyclides and Sphero-Quartics (Philos. Transactions, vol. CLXI), London 1871.
[18]) Darboux, Sur une classe remarquable de courbes et de surfaces algébriques, Paris 1873.

u von ξ, η, ζ, so haben wir die Gleichung einer beliebigen Kugel, zugleich aber geht die Gleichung der Cyclide über in die Gleichung $u_2 + 2u_1 u + a_{44}\, u\, u = 0$ einer Fläche zweiter Ordnung, welche mit der Kugel eine auf der Cyclide liegende Raumcurve vierter Ordnung gemein hat. Diese Raumcurve kann in zwei Kreise zerfallen.

195. Die Ebenen eines quadratischen Kugelcomplexes umhüllen im Allgemeinen eine Fläche zweiter Classe. Weil nämlich (190.) ein Kugelbüschel, der nicht ganz dem Complexe angehört, höchstens zwei Kugeln desselben enthält, so hat insbesondere ein Ebenenbüschel im Allgemeinen höchstens zwei Ebenen mit dem Complexe gemein. Wird in der Complexgleichung $\gamma_0 = 0$ gesetzt, so erhält man (178.) die Gleichung der Fläche zweiter Classe in Ebenencoordinaten $2\gamma_1$, $2\gamma_2$, $2\gamma_3$, $-\gamma_4$.

196. Die Gleichung des quadratischen Kugelcomplexes kann nach einem bekannten algebraischen Satze[19]) auf unendlich viele Arten auf die kanonische Form:

$$k_0 P_0^2 + k_1 P_1^2 + k_2 P_2^2 + k_3 P_3^2 + k_4 P_4^2 = 0$$

gebracht werden, worin die k_i reelle Constanten und die P_i reelle lineare Functionen der Kugelcoordinaten bezeichnen; und zwar repräsentiren die Gleichungen $P_i = 0$ fünf Kugelgebüsche, von welchen ein jedes bezüglich des Complexes die Polare derjenigen Kugel ist, welche die übrigen vier Gebüsche mit einander gemein haben. Von diesen fünf Gebüschen kann das erste willkürlich angenommen, und das i^{te} beliebig durch diejenigen Kugeln gelegt werden, von welchen die $i - 1$ vorher angenommenen Gebüsche die Polaren sind. Denn die fünf Gebüsche durchdringen sich zu vieren in einer ganz beliebigen Gruppe von fünf bezüglich des Complexes conjugirten Kugeln. Wenn eine der Constanten k_i, etwa k_0, Null ist, so hat der quadratische Complex eine Doppelkugel; die Coordinaten derselben genügen den vier linearen Gleichungen:

$$P_1 = 0, \quad P_2 = 0, \quad P_3 = 0, \quad P_4 = 0.$$

Sind zwei von den Constanten k_i Null, so enthält der Complex alle Kugeln eines Büschels doppelt.

197. Der quadratische Kugelcomplex enthält entweder gar keine oder unendlich viele reelle Kugelbüschel resp. -Bündel. Denn jedes Kugelgebüsch

---

[19]) S. die Abhandlungen von Jacobi, Hermite und Borchardt in dem Journal für d. r. u. a. Mathematik Bd. 53, S. 270–283; vgl. Gundelfinger in Hesse's analyt. Geometrie des Raumes, 3. Aufl., S. 449–461.

(resp. jeder Bündel), welches durch einen reellen Bündel (Büschel) des Complexes geht, hat mit demselben noch einen reellen Bündel (Büschel) gemein. Zwei Bündel des Complexes, die mit einem gegebenen dritten in zwei Gebüschen liegen, schneiden diesen dritten in zwei Kugelbüscheln, die eine Kugel mit einander gemein haben; die Polare dieser Kugel aber hat mit dem Complexe alle drei Bündel gemein (192.) und enthält folglich beide Gebüsche, was nur möglich ist, wenn die Kugel eine Doppelkugel des Complexes ist und ihre Polare unbestimmt wird.

198. Wir unterscheiden demnach drei Hauptarten des quadratischen Kugelcomplexes, nämlich:

1) den imaginären Kugelcomplex, dessen Gleichung $P_0^2 + P_1^2 + P_2^2 + P_3^2 + P_4^2 = 0$ durch keine reellen Werthe der Kugelcoordinaten befriedigt wird;
2) den elliptischen, $P_0^2 + P_1^2 + P_2^2 + P_3^2 - P_4^2 = 0$, welcher mit jedem ihn berührenden Gebüsche nur eine reelle Kugel (deren Coordinaten nämlich reell sind) gemein hat;
3) den hyperbolischen oder einfach geraden, $P_0^2 + P_1^2 + P_2^2 - P_3^2 - P_4^2 = 0$, welcher unendlich viele reelle Kugelbüschel, aber keinen reellen Kugelbündel enthält.

Der specielle quadratische Complex, welcher eine Doppelkugel besitzt, enthält entweder keine weitere reelle Kugel, oder unendlich viele Kugelbüschel aber keinen Bündel, oder drittens unendlich viele Bündel; er ist also entweder imaginär, oder einfach gerade, oder drittens zweifach gerade. Der noch speciellere Complex mit einem doppelten Kugelbüschel enthält entweder keine reellen Kugeln ausser in diesem Büschel, oder unendlich viele reelle Kugelbündel.

199. Alle Kugeln von gegebenem Radius r bilden einen elliptischen Complex zweiten Grades; die Gleichung desselben (178.) kann auf die Form:

$$\alpha_1^2 + \alpha_2^2 + \alpha_3^2 + \left(\frac{\alpha_4}{2r}\right)^2 - \left(\frac{\alpha_4}{2r} + \alpha_0 r\right)^2 = 0$$

gebracht werden. Alle Kugeln (ξ, η, ζ, p), welche eine gegebene Kugel $(\xi_1, \eta_1, \zeta_1, p_1)$ unter dem gegebenen Winkel φ schneiden, bilden einen quadratischen Complex, dessen Gleichung:

$$\cos^2 \varphi \cdot (\xi^2 + \eta^2 + \zeta^2 - p) \cdot (\xi_1^2 + \eta_1^2 + \zeta_1^2 - p_1)$$
$$= \left(\xi\xi_1 + \eta\eta_1 + \zeta\zeta_1 - \frac{p + p_1}{2}\right)^2,$$

wenn der Coordinatenanfang in das Centrum der gegebenen Kugel gelegt
wird, auf die Form gebracht werden kann:

$$4p_1 \cos^2 \varphi \, (\xi^2 + \eta^2 + \zeta^2) + (p - p_1 \cos 2\varphi)^2 + (p_1 \sin 2\varphi)^2 = 0$$

Da nun p_1 das negative Quadrat vom Radius der gegebenen Kugel ist, so ist
dieser Kugelcomplex ein hyperbolischer. Zugleich ergiebt sich für $\varphi = 0$, dass
alle Kugeln, welche eine gegebene Kugel berühren, einen einfach geraden
quadratischen Complex bilden, und dass dieser die gegebene Kugel doppelt
enthält. — Auch die Kugeln, in Bezug auf welche zwei gegebene Ebenen
conjugirt sind, bilden einen hyperbolischen Complex zweiten Grades.

200. Eine quadratische Kugelcongruenz besteht im Allgemeinen aus allen Kugeln eines Gebüsches, deren Mittelpunkte auf einer Fläche zweiter
Ordnung liegen. Denn sie wird dargestellt durch eine lineare und eine quadratische Gleichung zwischen den Kugelcoordinaten (ξ, η, ζ, p); die erstere
Gleichung repräsentirt das Gebüsch, und wenn man p aus beiden Gleichungen eliminirt, so erhält man die Gleichung der Fläche zweiter Ordnung.
Nur dann ist die Eliminirung unmöglich, wenn das Gebüsch ein symmetrisches ist; doch kann dieser Fall durch reciproke Radien auf den allgemeinen zurückgeführt werden. Die Punktkugeln der quadratischen Congruenz
liegen auf der Raumcurve vierter Ordnung, welche die Fläche zweiter Ordnung mit der Orthogonalkugel des Gebüsches gemein hat; die Ebenen der
Congruenz umhüllen im Allgemeinen einen Kegel zweiten Grades. Die Potenzebenen, welche die Kugeln der Congruenz mit zwei dem Gebüsche nicht
angehörenden Kugeln bestimmen, umhüllen zwei Flächen zweiter Classe,
welche auf einander collinear und auf die Fläche zweiter Ordnung reciprok
bezogen sind (101., 103.). Durch neun beliebige Kugeln eines Gebüsches kann
allemal eine, und im Allgemeinen nur eine quadratische Congruenz gelegt
werden. — Was die Cyclide betrifft, welche auch bei der quadratischen Congruenz (als Umhüllungsfläche der Kugeln derselben) auftritt, so verweisen
wir auf die oben genannten Werke von Casey und Darboux. — Die Kugeln,
welche eine Fläche zweiter Ordnung doppelt berühren, bilden drei quadratische Congruenzen; ihre Mittelpunkte liegen in den drei Symmetrie-Ebenen
der Fläche.

201. Eine quadratische Kugelschaar besteht im Allgemeinen aus allen
Kugeln eines Bündels, deren Mittelpunkte auf einem in der Centralebene
des Bündels gegebenen Kegelschnitte liegen. Sie wird nämlich dargestellt
durch zwei lineare und eine quadratische Gleichung zwischen den Coordinaten (ξ, η, ζ, p), und wenn man p aus der quadratischen und aus der
einen linearen Gleichung mit Hülfe der anderen eliminirt, so erhält man die

Gleichungen des Kegelschnittes. Die Eliminirung wird nur dann unmöglich, wenn der Orthogonalkreis des Bündels in eine Gerade ausartet; doch kann dieser Specialfall auf den allgemeinen zurückgeführt werden durch reciproke Radien. Die Punkte, welche der Kegelschnitt mit dem Orthogonalkreise des Bündels gemein hat, sind Punktkugeln der Schaar; die Anzahl dieser Punktkugeln ist höchstens vier. Die Kugelschaar enthält keine, eine oder zwei reelle Ebenen, jenachdem der Kegelschnitt eine Ellipse, Parabel oder Hyperbel ist. Die Potenzebenen, welche die Kugeln der Schaar mit zwei beliebigen Kugeln bestimmen, umhüllen zwei collineare Kegelflächen zweiten Grades, welche auf den Kegelschnitt reciprok bezogen sind (vgl. 200.). Durch fünf beliebige Kugeln eines Bündels kann im Allgemeinen eine einzige quadratische Kugelschaar gelegt werden. Auch die quadratische Kugelschaar wird von einer Cyclide umhüllt, aber von einer ziemlich speciellen, welche eine Schaar von kreisförmigen Krümmungslinien besitzt (130.); die Ebenen dieser Krümmungslinien gehen durch die Axe des Kugelbündels, in welchem die Kugelschaar liegt.